生活因阅读而精彩

生活因阅读而精彩

学会向生活

妥协

文清◎编著

中国华侨出版社

图书在版编目(CIP)数据

学会向生活妥协 / 文清编著.—北京：
中国华侨出版社,2011.10

ISBN 978-7-5113-1793-3

Ⅰ.①学…　Ⅱ.①文…　Ⅲ.①人生哲学–通俗读物
Ⅳ.①B821-49

中国版本图书馆 CIP 数据核字(2011)第202163号

学会向生活妥协

编　　著 /	文　清
责任编辑 /	严晓慧
责任校对 /	李江亭
经　　销 /	新华书店
开　　本 /	787×1092 毫米　1/16 开　印张/17　字数/271 千字
印　　刷 /	北京建泰印刷有限公司
版　　次 /	2011 年 12 月第 1 版　2011 年 12 月第 1 次印刷
书　　号 /	ISBN 978-7-5113-1793-3
定　　价 /	29.80 元

中国华侨出版社　北京市朝阳区静安里 26 号通成达大厦 3 层　邮编:100028
法律顾问:陈鹰律师事务所
编辑部:(010)64443056　　64443979
发行部:(010)64443051　　传真:(010)64439708
网址:www.oveaschin.com
E-mail:oveaschin@sina.com

前言

　　人生路难免遇到这样或那样的困难，有时候，我们需要适当地妥协一下，向生活弯一下腰。也许有人会说："妥协还不简单，遇事让一下不就得了？"其实不然，妥协并不是简单地向别人低头、单纯地让步或轻意地放弃，它是一种有分寸的后退，一种适度的弯曲。

　　妥协并不意味着放弃原则，一味地让步。明智的妥协是一种适当的退让，愚蠢的妥协，则会因为付出的代价过高而遭受不必要的损失。所以说，妥协是一种让的艺术，而掌握这种高超的艺术正是现代人成功必备素质。

　　当我们竭尽全力去做一件事情可还是没能如愿时，我们要学会向生活妥协，接受这一切。有时候人的局限性会让我们感到迷茫，看不到未来幸福生活的希望。也许这个时候，我们应该学会接受命运的安排，欣然接纳周围的一切，在新的位置上重新认识自己，你会发现这只不过是换了一种方式来追求自己想要的而已。

　　妥协与斗争是解决问题的两种方式，从哲学上说是处理矛盾的两种方法。妥协常常是解决问题和处理矛盾更有效和常用的方法。简言之：妥，就是综合各方意见，以达成共识；协，就是平衡各方利益，以追求共赢。

妥协可以理解为求同存异,也可以理解为退一步海阔天空。妥协是为了达到总体目标而采取的一种分阶段、分步骤的策略。与追求"最好"不一样,妥协通过追求"次好"来避免"最坏",进而逐步达到"最好"的目标。

从更宽广的层面来说,妥协还是一种包容,正所谓"海纳百川,有容乃大"。妥协,不是软弱,更不是弱小。

本书针对生活中经常遇到的问题,从生活中的几大方面着手,有对生活本身的解读,有对人生困境的指引,有对职场关系的处理方法;分别从不同角度阐释了妥协的意义。妥协之于生活本身,是一种顺其自然、清淡悠远的生活方式,因为生活本身就是平淡的,只有把生活那层虚荣的外衣脱去,你才能活出真我风采。妥协之于人生困境,是一种乐观豁达、处惊不变的心理素质。妥协之于职场关系,是一种相互尊重、相互忍让的高尚品德。

目录

MULU

辑 1　人间美味是清淡
——对生活,清淡一点又何妨

生活可以很复杂,也可以很简单,关键是我们用哪种心态去看待它。平淡的日子并不可怕,可怕的是我们不能真实地活着。千万别给生活披上一件奢侈的外衣,其实这种简单、平淡的生活就是幸福。

辑 2　富贵如过眼云烟
——对财富,看淡一点又何妨

> 财富在我们生活中扮演着重要的角色,但它绝不是我们的保护神和幸福的源泉,它只是一种生活的工具而已。如果我们过分看重财富,势必就会失去一些非常重要的东西,比如亲情、爱情和友情等。

辑 3　海上没有不带伤的船
——对磨难,乐观一点又何妨

> 微笑着面对生活中的磨难,把自己生命中那些不幸的遭遇看做是一道或圆满或凄美的风景。如果能用这样一种看风景的心情来笑看人生,你会发现身边的一切都是那么美好。

辑4　人生没有绝对的失败

——对输赢,豁达一点又何妨

输也好,赢也罢,如果都能保持一份微笑的话,你就能从挫折中获取有益的经验和教训。我们应该学会苦中作乐,在刀丛里寻觅小花。对输赢还是豁达一点吧!

辑5 背负不动不如放下

——对过往,善忘一点又何妨

人生苦短,顶多也就那么几十个春秋,对过往的对错没必要耿耿于怀。只有学会忘却,懂得放下,人生才能活出快乐和洒脱。对过往不妨糊涂些,善忘一点。

辑6 山不争高自及天

——为人处世,低调一点又何妨

高山沉默不语,却能耸入云端;大海低吟浅唱,却能收容百川;大地俯身垂首,却能承载万物。低调是一种超然洒脱、平和豁达的生活态度,它能让人在不显山不露水中成就一番事业。

辑 7　世上没有办不成的事
——对困境,变通一点又何妨

每个人都会有处于低谷和逆境之时,对此我们不能固执地"一条道走到黑",不妨让生活转个弯,与其逆水行舟,不如侧风扬帆。既然前方的道路已经行不通,不妨试试边上的小路,没准那边的风景会更美!

辑 8　人生要耐得住寂寞

——对失意，隐忍一点又何妨

忍耐是一种心境，面对失意，我们万不可焦躁、烦恼。生活中，很多人往往对失意太过在意，以致整日郁郁低沉、落落寡欢。在面对挫败时，我们不妨多忍耐一分钟，因为机会是忍出来的，只有忍得了一时之气，方能得到百日之益。

辑 9　别把自己逼上悬崖

——对冲突，退让一点又何妨

松柏不争一时长短，在大雪时妥协弯腰，才能在雪后傲然挺立；小草不计长久忍耐，在秋冬时低垂蛰伏，才能在暖春来临时抖擞精神。面对毫无意义的冲突，还是退让一点好。

辑 *10* 生命的坦然在于平和

——对怨怼，心宽一点又何妨

生活当中，我们难免会与别人发生误会与摩擦，如果很在意这些，就会轻易仇恨；仇恨的火苗悄悄燃烧，会慢慢地烧毁了我们的人生。何不用宽容的海水将仇恨的火苗浇灭，多一个朋友总比多一个敌人要好。

辑 *11* 生命比生活更重要

——对生命，看重一点又何妨

世界上最为珍贵的东西，莫过于生命，因为它只有一次。我们必须不惜一切代价保护好它。健康的身体是我们从事一切工作的保障，如果身体垮了，其他一切都是徒劳的。珍爱生命，善待自己。

辑 *12* 完美是幸福的枷锁
——对爱人,包容一点又何妨

> 万事万物,难有十全十美。相爱的人如果不能长相厮守,是一件遗憾的事情,然而恰恰是这种遗憾造成的距离,彼此才能把爱情永放心间,永远在对方心中留下最美好的回忆。在品味这种缺憾之美时,有苦也有甜,这又何尝不是一种凄凉的美呢?

辑 *13* 听不得批评成不了大器

——对领导,理解一点又何妨

玉不琢不成器!工作中,我们经常会遇到批评。那么,在遇到这些指责时,我们应如何去做呢?其实,方法很简单,只要我们学会用积极的态度来面对,那么即使是错误也会变成丰厚的财富。

辑 *14* 待人宽容助你赢得尊重

——对下属,亲和一点又何妨

成大事者,必定会严于律己宽以待人。在工作中,作为领导,只有放下所谓的领导架子,待人谦虚亲和,才能得到下属的尊重。其实,很多时候只要换位去思考一下,体谅下属的一些难处,用真心架起沟通的桥梁,就必定可以赢得下属的感激与尊敬。

辑 15　世间没有永远的敌人

——对对手,谦让一点又何妨

世间不存在永远的敌人。面对对手时,很多人常常会针锋相对,得理不饶人,为一丁点的利益就争闹不休。其时,完全没有必要这样,遇事时我们不妨妥协一点,让他一步又何妨?

辑 1　人间美味是清淡

——对生活,清淡一点又何妨

> 生活可以很复杂,也可以很简单,关键是我们用哪种心态去看待它。平淡的日子并不可怕,可怕的是我们不能真实地活着。千万别给生活披上一件奢侈的外衣,其实这种简单、平淡的生活就是幸福。

① 简单一点，幸福一点

在小说《唐·吉诃德》里面，有这样一个有趣的片段。

桑丘问表弟："谁是这个世界上第一个会翻跟头的？"表弟回答说："这个问题我现在回答不上，等我一会儿回书房翻翻书，到下次见面的时候再把答案告诉你吧！"桑丘过了一会儿对他说："刚刚说的这个问题，我已经想到答案了。其实世界上第一个会翻跟斗的是魔鬼，因为他从天上摔下来就一直翻着跟斗，跌到了地狱。"

桑丘的回答让人忍俊不禁，因为他的答案简单却又包含着一种非常朴素的智慧，正如他的主人表扬他时说："桑丘，你说出来的话，常常超出你的智慧呢！"没错，有些人煞费苦心地进行考证，常常毫无所获，有些人简简单单地一想，往往把事情想通了。

从前，有一个以打鱼为生的人，和他一起出海打鱼的同伴，只为了多打到几条鱼，每天都累得浑身酸疼。而他每天只打一条鱼，并且打到的那条鱼刚好可以满足他一天的吃喝。

打到鱼后，他就会躺在岸边晒太阳，一边望着天上的白云一边哼着小曲，一副悠闲自在的样子。有一天从远处走来了一个商人，上前对他说："老哥，我觉得你应该再多打几条鱼，然后可以把剩余的卖掉，这样你就会有一笔存款，等钱存足了就去买一艘渔船，然后再开着船去打更多的鱼……""

"后来呢？"渔夫问商人。

"后来，你一定会赚到很多很多的钱，不用再下海打鱼了，每天都可以到海边来看白云，唱歌……"

"难道说我现在做的不是这些吗?"渔夫反问道。

"如果按照你刚才说的去做,或许有一天我会赚到足够的钱,不过恐怕到那时,我已经没有时间来做现在的事情了!"

其实,这个世界上没有复杂的事情,只不过我们看待它的时候,主观地把它复杂化了。这就好比我们在看一棵树的时候,如果非要把它看得很复杂的话,会看到很多的枝和叶,还有记忆中冬天的枯枝,其实,它只是一棵树而已。

不论是生活、学习、还是工作,其实都很简单。我们没有必要为了一件简单的事情而伤透脑筋。同样,在人生、爱情和理想中有很多事情也是如此,它们就好像是一年级的数学题一样简单,没准要比这还简单,就连没有上过学、一字不识的人都会知道,要想知道笼子里到底有多少只鸡和兔,我们直接打开笼子数数不就什么都清楚了吗?何必要绞尽脑汁地去想如何用一套方程式来把它给计算出来!更辛苦的是,有些人会去想:"为什么会把鸡和兔关在一个笼子里呢?"

简单是一种非常好的生活态度,它可以把我们变得乐观、积极向上。一个简单的人,在看待生活的时候会这样:对就对了,错就错了;爱就爱了,恨就恨了;笑就笑了,哭就哭了,不会去计较那些不必要的复杂。其实,在生活中没有那么多的麻烦和周折,即使有的话,又有几件事情可以让我们翻来覆去地折腾。

生命是很短暂的,人活一生也不过就数十年,与其这样徒劳无功地瞎折腾,倒不如简单一点,学会向生活妥协一点,也许这样活着会更轻松些。

在美国有一位因倡导简单的生活而成名的专家,名字叫做爱琳·詹姆丝。起初她是一个投资人、作家和一个地产投资顾问,一个人在社会上扮演着这么多的角色,无疑,爱琳·詹姆丝的生活是很累的。

就这样,她过了十几年这样的生活,直到有一天她发现了生活原本可以简简单单。

那天她和往常一样,坐在自己的写字桌旁正在努力的工作,终于繁重的工作把她压得喘不过气来了,于是她望着写满密密麻麻安排的日程表发起了呆。

突然,她认识到自己的生活已经变得太复杂了,用这么多乱七八糟的东西来塞满自己清醒的每一天,简直就是一种疯狂愚蠢的行为。就在那一刻,她做出了一个决定:开始简单的生活。

于是,她开始列出一个清单,把那些没用的事情都给删除了。取消了所有的预约电话,停止了预定没有看过一眼的杂志,注销了部分没用的信用卡……这样一来,她发现:房间和草坪变得整洁了,而且工作也更有效率了。

一次,爱琳·詹姆丝在接受媒体采访时说:"我们的生活已经变得太复杂了。在这个世界的历史进程中,从来没有像今天这个时代拥有如此多的东西。这些年来,我们一直被诱导着,使得我们误认为自己能够拥有所有这一切的东西,我们已经使得自己对尝试新产品都感到厌倦。许多人认为,所有这些东西让他们沉溺其中并心烦意乱,已经使得自己失去了创造力。"

用这种方法处理日常生活中的事务,不仅可以收获到事半功倍的效果,而且还能将生活带入到一种节奏明快的韵律中去。因为用简单的方法来处理事情,一定会大大提高办事的效率。

所以说,简单是现代生活的标准版,千万不要让世俗这张网在无形中形成,否则,他会将我们拉扯得心力交瘁。那就让我们以三下五除二的方式,把那些束缚我们心灵和思维的网给撕碎吧!

就目前的生活潮流来看,简单应该成为我们的一个准则。因为人际关系、社会结构和家庭关系等方面,都正在慢慢地趋于复杂化,我们正在用一种简化的公式来处理这些,就好像计算机那样,我们知道它里面所有的问题都只有"是"与"不是"两种答案。

妥协就是要学会简单地生活,而简单就是要学会放下。如果我们什么都不愿意放下的话,那么我们的双肩肯定会被那么多的财富、名誉、地位、情感、哀愁和怨恨给压垮的,所以还是干脆地把它们放下吧,轻轻松松地向前走,何不多一些时间来听花开花谢的声音?何不多一些时间来走向你心中的远方?

② 不要把太多得失放在心里

我们得到一件东西的时候,其实这也意味着同时失去了一件东西。得与失似乎永远也不曾分开过,他们就像是一对孪生兄弟,谁也没有办法把它们完全分开。

我们所能做的就是在面对"得"时不沾沾自喜,因为就在你得到的同时,你一定失去了很多;面对"失"时,也不要怨天尤人,不妨换个角度想一想,失去的同时我们一定也得到了别的东西,关键是我们看待他们的态度,就像一位哲学家说的:"事物的本身并不能影响他人,人们只受对事物看法的影响。

有一个人整天唉声叹气,怨天尤人,他感觉自己活得一点也不快乐。一天,神得知这件事情后,产生了怜悯之心,于是决定给他一些帮助。

神问:"你有什么烦心的事情吗?说出来吧,没准我会帮助你的!"

那个人悲伤地说道:"我听说这个世界上有三种珍奇的宝石,我一直都很想得到,但始终没有拥有,所有我感到不快乐。"

神知道了他的心事之后,笑着说道:"原来就是三块石头啊,我还以为有多么大的事呢,我马上就把它给你!"于是,神拿出三种珍奇的石头给了他,并对他说:"希望他能够从此快乐起来!"

过了一些时日后,神想到了那个曾经感受不到快乐的人,决定再来看看他。当神来到他面前的时候,他仍然和上一次一样,不停地唉声叹气,怨天尤人。这让神感到有点诧异:"你不是已经得到了自己想要的东西吗,为什么还不快乐呢?"

那个人回答道"你有所不知,自从有了这些宝贝,我每天都在为它们提心吊胆，担心有一天会丢失或者被人偷走，我不能失去它们啊！"

神非常无奈地说："得不到的时候害怕不能得到，得到之后又担心失去。像你这样的人，就连我也没有办法让你快乐起来。"

故事里的那个人，由于心里每天都患得患失，所以他永远都不会快乐起来。没有得到的时候他担心得不到，得到了却又害怕失去。这样，他永远都不会懂得妥协，也永远享受不到追求和拥有时的喜悦。

现实生活中，有很多人和故事里的主人公一样，患得患失，整天为了得失所忧，为了得失所累，心里被得失折腾得没有一丝安宁。由于心里整天忐忑和惴惴不安，所以根本无法感受生活的轻松与快乐。他们总是渴望得到：财富、事业、爱情、美貌、幸福……同时也认为得到是一件应该的事情，而失去却是无法接受的。所以，每当他们面对失去的时候，总是会觉得委屈，甚至不甘心。

其实，得失之间只有一线相隔。有得必有失，有失必有得，正所谓："失就是得，得就是失。"

陶渊明为了维持生计，曾不得已入仕为官。他当过江州祭酒，可是没过多久便辞去了官职，选择回家种田。随后，陆续有人请他去做官，可他都婉言谢绝了。从此以后，他宁愿以种田为生，也不愿意再涉足官场，心甘情愿地过着平淡而闲适的生活。

陶渊明辞官回到家以后，仿佛置身于世外桃园一般，心情豁然开朗，和老婆、孩子一起耕田、织布。这种田园般的生活给予了陶渊明很多辞赋的创作灵感。

陶渊明具有旷达洒脱的性情，简简单单地做人，从容不迫地处世，这也是陶渊明所教给我们的生活哲学。可是我们却经常以"对峙"的立场去考虑问题，把"妥协"扔在了一边，迷失在了个人得失的泥沼里面。

试想一下：有一天你伸手到一个装满糖果的瓶子里去抓糖，用尽所能地抓了一把糖果，刚想把手收回来时，不巧手却被瓶口给卡住了，这时候我们心里一定不愿意放弃糖果,可如果这样的话,手就没有办法拿出来了。最好的办法就是只拿一半,让你手里的东西少一些,然后你不仅可以把手顺利地拿出来,而且还能吃到手里的糖。最坏的办法就是不放手,如此一来,你就什么都不会得到了。

我们平时总是习惯于得到,而对失去总是感到不习惯。其实,世事本无常,没有任何一样东西会永远拥有,如果我们能有一颗"妥协"的心,面对得失的时候拥有一份洒脱和坦然的话,相信无论是得到时,还是失去时,都能做到"得到时珍惜"和"失去时放手"这样一种高尚的生活境界。

③ 拥有平常之心,过上幸福生活

要想生活过得幸福,没必要给它披上一件奢华的外衣,其实拥有一颗平常心足矣。平常心是一种超脱眼前得失的清静心与光明心,就像孟子所说:"贫贱不能移,富贵不能淫,威武不能屈",无论贫富都应该以一颗平常心看之。

平常心贵在平常,对待复杂多变的生活时,要波澜不惊,于无声处听惊雷。如果我们能在任何境地中都这样的话,那么我们一定会是一位了不起的人!

平常心看似平常,其实不平常。当我们用一颗平常心去对待生活时,你会发现:它就是一颗理解、宽容、忍让的心,如果能多一分理解和宽容,那么你也就相当于学会了妥协。

有一对年轻人相爱了。男孩是普通人家的一员,唯一值钱的是他家里的一块菜园子。

女孩第一次去男孩家里的时候,男孩做的菜非常简单:几个荷包蛋外加一碗萝卜丝。鸡蛋是向邻居借来的,萝卜则是自己家菜园子里产的。

饭后,男孩送女孩回家,由于觉得这顿饭太过于简单了,所以他不停地向女孩道歉,而女孩却一直再说:"萝卜丝非常好吃!"

几天后,女孩再次来到男孩的家里。出于上次的歉意,男孩去找了一些鲫鱼,可是招待女孩的菜仍然非常简单:油煎鲫鱼和红烧萝卜。吃饭时,男孩不停地向女孩碗里夹鱼,可女孩子却把碗给推开,并对他说:"你的萝卜做得非常有特色,我很喜欢吃!"男孩说:"太好了,我也喜欢吃萝卜,你等下次来我给你做不同口味的萝卜!我会做清炒萝卜、清炖萝卜、白焖萝卜、糖醋萝卜和麻辣萝卜等。"

后来,他们结婚了。婚后,女孩的一个好友问她:"为什么不嫁给那些有条件煮肉、炖鸽、杀鸡、烧鱼的男人,却嫁给只会烹饪萝卜的人?"女孩笑着说:"一个男人,要是能够把萝卜烹饪出甜酸苦辣咸等几种不同的味道,实在是太难得了,不仅令我大饱口福了,而且让我相信他能够将清贫的日子过也得有滋有味。日子虽然过得平淡了一点,但平淡中更能见真情!"

做人应该具有一颗平常心。其实,有时候一顿简单的晚餐,一句温馨的问候,甚至一条简短的短信,就能够满足我们,让我们感受到幸福。而相比之下,那些整天斤斤计较、疑神疑鬼的人只会苦恼无穷。上面那个女孩子说得没错,在我们的日常生活之中,具有平常心的人通常能获得真正的幸福。

在人与人之间的交往中,那些满口仁义道德的人经常会遭到鄙视,因为他们活在虚假的礼法中,披着高尚、严肃的外衣,伪装出关心、爱护、正直和无私的形象,这样,他不仅活得很累,同时周围的人也会感到无聊。古人提倡"宁为真学士,不为假道学",一个人要活得真实一点,自然一点,简单一点。

保持一颗平常的心,面对忧愁和困难时也能坦然处之,你会发现快乐就在身边。即使在面对成功的时候,你也不会再欣喜若狂,会以平常心对待。当你被层层的失意包围时,请记得打开窗户,让沁人心扉的新鲜空气吹进来,就像儿时,在泥土气息中寻找那一丝宁静。夜晚望着天上的星星,闭上眼睛,许下一个心愿,然后,我们的心中便又多了一份慰藉与欣喜。于是,一切的烦恼都会慢慢远去,拥有的是一颗宁静的心,平常的心,感受幸福的心。

记得有首歌里面有这样一句歌词:"平平淡淡,从从容容才是真。"我们千万不能戴着假面具去面对生活,如果我们连最基本的真实都不能做到,那么整个人生必将变成一场虚空,什么也没有得到,什么也没有留下。由此可见,还是平淡、从容一些比较好,不必伪装着去面对生活,那样只会把自己累垮。

保持一颗平常的心,是我们立身处世的灵丹妙药,也是人际交往的润滑剂。成功的人际交往都是建立在平等的基础之上,它离不开良好的文化教养、出类拔萃的聪明才智和高雅不俗的仪表,同时,它更离不开一颗平常、朴实的心。只有这样,才会有更好的人际活动圈子。

生活可以很复杂,也可以很简单,关键是我们以哪种心态去看待它。平淡的日子并不可怕,可怕的是我们不能真实地活着。困难的日子也并不可怕,可怕的是感觉不到真情的存在。所以说,我们没有必要给生活披上一件奢侈的外衣,其实简单的生活就是一种幸福的生活。

4 宠辱不惊,逍遥自在

一副对联写道:宠辱不惊,看庭前花开花落;去留无意,望天空云卷云舒。这句话的意思就是:只有把宠辱看作花开花落般平常的事情,才能不惊奇;只有把职位去留看做是云卷云舒般的变幻,才能不会太过于在意。短短的两行字,道出了一种高尚生活的境界。

宠辱不惊,说起来非常容易,可做起来却是十分困难的。有太多的人会穷尽一生追逐名利,可到头来还是"竹篮打水",什么也没有得到。在现在的生活中,由于节奏比较快,所以人们都在寻找着一种悠闲舒适的生活状态。可是经过苦苦地寻找,到头来还是没能找到,反而让自己的身心疲惫。这就和我们日常中的工作差不多,每天都在紧张地工作,目的就是为了让生活变得舒适,然而我们却从来也没有找到曾经追寻的初衷。这是为什么呢？

这是因为我们的心太过于劳累了，把什么都看得很重。要想活得舒适一点，首先得让心放松下来，只有保持放松的心态，我们才有可能找到那份悠闲舒适的生活。学会妥协，就要先学会这种"宠辱不惊，逍遥自在"的洒脱。

有很多知名的文人，在荣辱问题上能够采取"宠辱不惊"的态度。

已故的国学大师季羡林先生，在世的时候长年任教北京大学。他在语言学、文化学、历史学、佛教学等等方面都有很深的造诣，毕生致力于学术研究，其著作已汇编成 24 卷的《季羡林文集》。不过，他并没有因为眼前的成就而沾沾自喜，每天仍在坚持读书和写作，甚至生病的时候，在病床上坚持读书写作。

他生前说过："即使在最困难的时候，我也没有丢掉自己的良知"。就连在"文革"被关进牛棚的时候，他也没有因此受到惊恐，而是继续读书和写作，其间完成了《牛棚杂忆》。

季先生之所以为人所敬仰，除了他的学识以外，最重要的是因为他的品格。有一段专门为他写的颁奖词，传神地道出了他身上的品质："智者乐，仁者寿，长者随心所欲。曾经的红衣少年，如今的白发先生，留得十年寒窗苦，牛棚杂忆密辛多。心有良知璞玉，笔下道德文章。一介布衣，言有物，行有格，贫贱不移，宠辱不惊。"

追求精神完美的人，经常会在荣辱问题上采取顺其自然的态度，就好像孔子说的："天下有道则见，无道则隐。"或仕或隐，或出或进，只要宠辱不惊即可。如此一来，不仅可以在条件允许（有道）的情况下，为百姓做点好事，又可以在条件不允许（无道）的情况下，无需为争宠争禄而劳心劳神；这也就告诉我们，当利害与人格发生矛盾时，我们应该以保全人格为最高原则，不要因为一件事物的得失，而丧失了我们的人格。如果放弃了人格，而选择趋利避害，这也不过是一时的得意，以后一定会受到良心的长久谴责。

"不以物喜，不以己悲"，用宁静平和的心境来看待生活，只有这样才能做到"宠辱不惊、去留无意"。武则天的墓前有一块无字碑，无论是功还是过，全都留给了后人来评说,一个字都没有写,可以说是一种另类的豁达。魏晋时期的陶渊明,淡泊名利、返璞归真,是多么逍遥自在啊!

我们要想得到这种"宠辱不惊,逍遥自在"的真传,首先,要明确自己的生存价值,因为"由来功名输勋烈,心底无私天地宽",假如心里面没有过多的私欲,就不会再患得患失了。其次,我们要认清自己所走的路,不要太看重得失成败只要能坚持"得之不喜,失之不忧"这种信念,通过努力,一定会过上美好的生活的!

⑤　珍惜身边的幸福

常言道"十年修得同船渡,百年修得共枕眠",要懂得珍惜手边的幸福。爱惜自己,珍惜他人,珍惜身边的每一件事物。哪怕它现今已经变得残旧,或者没有了使用的价值,可我们依然不能随便地把它丢弃,因为不知道哪一天,它又会重新发挥出价值。

有人可能会抱怨说:我的身边没有一道值得珍惜的风景。其实,在我们身边时时刻刻都有着无数值得去珍惜的风景,只不过,我们缺少欣赏风景的心境而已。很多时候,幸福其实就握在我们的手上,而我们却没有发现它。即使发现了,心里还在想"可能还有更好的",于是,我们便放弃了已握在手里的幸福,去追求那虚无缥缈的幸福。显然,用这原本幸福的生活去换那虚无缥缈的东西,是一件多么不值得的事情啊!

可悲的是现在有很多人身在福中不知福,一边享受着幸福生活所带来的一切,一边却又把这一切视为理所当然。快乐明明就在眼前,可是却视而不见。很多快乐其实就蕴藏在平凡的生活中。

一个人因为生前善良且乐于助人，所以死后升上了天堂，并且还做了天使。他当了天使以后，仍然不时地来到人间帮助凡人，只希望通过帮助别人来感受快乐。

这一天，天使又和往常一样来到人间。他遇见了一个农夫，农夫的样子非常郁闷，天使走上前去询问原因，农夫说："我家的水牛刚刚丢了，没有了它的帮忙，我以后怎么种地呀？"天使听后，从它的身后变出一头健壮的水牛来，农夫看到后非常高兴，天使在他身上也感受到了快乐。

天使继续向前走去，没走几步，遇见一个男子，这个男子也很郁闷，天使上前询问原因，这个男子哭诉说："最近真是太倒霉啦，我的钱都被别人给骗走了，已经没有回家的路费了。"于是天使给他钱做路费，男子很高兴。

天使同样在他身上也感受到了快乐，然后继续向前走着，走着走着，他看见了一对年轻的夫妇。丈夫是一个年轻、英俊且才华横溢的诗人，妻子漂亮温柔，可他们看起来一点也不快乐。天使走上前去询问原因，诗人说道："我除了快乐以外，什么也不缺，你能把它给我吗？"

天使有点为难，想了一会儿，然后把诗人所拥有的都拿走了：拿走了他的才华和妻子。诗人见妻子不见了，一时痛苦至极，不过天使并没有把这一切就此还给他。

过了一个月之后，天使又一次来到人间，这时候诗人已经快要饿死了，衣衫褴褛地躺在河边。天使走到诗人的旁边，把一切又重新还给了他。当诗人搂着妻子的时候，天使问他快乐吗，诗人深情地向天使点了点头。

曾有人在博客里面写道："一个又一个可爱的女孩儿在我面前路过，我熟视无睹。一个又一个爱人在我面前消失，我熟视无睹。犹如不倒翁，独自练就那属于自己的世界，一切都恍若隔世，擦边而过。我在摇晃，奔跑不起来，怕一动就失去了这些风景，凉飕飕的，那些都是风，轻飘飘的，那些都是爱。"

所以说，我们还是要静下心来，用心欣赏身边的风景。珍惜已经拥有的，珍惜现在的生活，珍惜现在爱你的和你爱的人。一切都是稍纵即逝的，让我们好好地享受它们,品尝它们,我们善待身边的每一个人吧!

　　有一个老师向学校请了三个月的假,然后留张小纸条给家人:我会每个星期都往家里打电话,请不要问我去做什么了。然后只身一人去了农村,决定去尝试过另一种所谓幸福的生活。

　　来到农村后,他在农场里打工。在田地干活的时候,就连吸支烟都要偷偷地去吸。最让他难忘的是,他在一家农场里打工,只干了 5 个小时,老板就把他解雇了,并对他说:"可怜的人,尽管你非常努力,不过你干活实在是太慢了"

　　三个月后,他又重新回到了学校。回到学校后,他突然发现以往无聊的东西一下子变得有趣起来,工作成了一种全新的享受。

　　其实在我们身边有很多美好的事物,只要用心去感受,就会发现:原来美好的事物距离我们是这么近!然而有时候一不留心,它们就会悄悄地溜走。千万不要等这些精灵溜走以后再去追悔,要在它们还没有溜走之前,就紧紧地把它们抓住!

　　屠格涅夫说:"幸福没有明天,它甚至也没有昨天,它既不回忆过去,也不去想将来,它只有现在。"身边的幸福其实很多很多,它是家庭里的欢声笑语,也是工作上的互相帮助。不论是事业上的成功也好,还是婚姻上的美满和谐也罢,重要的是我们要好好地去珍惜这些手边的幸福。

　　幸福其实就在我们手边,它有可能是唠叨,有可能是抱怨。不过一旦我们拥有的时候不知道珍惜它,等到失去的时候一切都已经晚了。不要再为已经失去了的东西而感到难过,不要再为明天的事情而杞人忧天,学会向生活妥协,珍惜目前所拥有的幸福,相信这才是最真实的幸福。

⑥ 人生要懂得知足

古人说:"知足者常乐。"懂得知足的人一定明白向生活妥协的意义,这样的人生无疑是快乐的。千万不要总想着得到更多,因为那些想要得到更多、不懂得知足的人,常常会陷入到悲观的境地中去,从而无法自拔,换句话说:人生要懂得知足,懂得向生活妥协。

现实生活中,我们很多时候会感到不满足,这是因为我们把名利看得太重,无法放下它。名利和欲望一样,是永无止境的。我们要想做到知足常乐,最重要的一点是把它们看得淡一点,对他们的追逐要适可而止。名利、欲望都是出自我们内心的东西,会无止境地膨胀,难以有知足的时候。它们就像压在我们身上的包袱一样,背负的越多就越累,不知道哪一天就会把我们累垮。

传说蜈蚣刚被造物主造出来的时候是没有脚的,不过它可以像蛇那样爬行,速度也是很快的。有一天它看到了一只羚羊,见到羚羊跑起来非常快,经过仔细观察,它发现羚羊之所以跑得那么快,是因为它有脚的缘故。

蜈蚣的心里开始感觉不平衡了,我为什么没有脚呢?于是,它向造物主请求说:"主啊,请赐给我脚吧!"

没想到造物主居然答应了它的请求,然后把无数的脚放在蜈蚣面前,让它自由取用。蜈蚣赶忙爬到这些脚面前,不一会儿就把自己的身体贴满了。看着自己全身上下的脚,蜈蚣非常高兴,心想这下可跑得比羚羊还要快了。

可是没想到,它才往前跑了几步,就摔倒。这时,它才明白了这些脚是很不好控制的,只有全神贯注地来控制它们,才会不被这些脚所绊倒。如此一来,虽然蜈蚣得到了很多的脚,不过它比以前跑得更慢了,同时,心情也越来越糟糕了。

故事里面的蜈蚣心情为什么会变得糟糕呢?答案很简单,就是因为它不懂得知足,索取更多的脚,反而把自己绊倒了。从某种意义上来说,有时我们就像故事里面的蜈蚣一样,自己把自己绊住了。所以我们要想过上轻松舒适的生活,就要懂得知足,懂得向生活妥协。

人从懂事开始,就已经有了无数的欲望。当我们走在街上的时候,看着熙熙攘攘的人群,很难找到一个满足的表情。不少人总是用"等我有钱了该如何如何"来欺骗自己,他们总认为满足是要达到某种条件的许可,等到满足的时候,再去寻找身心的清闲。

有个小男孩在路边大声地哭着,一个好心人走上前去问:"小朋友,你为什么事情哭成这样?"

小男孩边哭边说:"由于我刚才太大意了,跑的时候丢了 10 元钱。"

好心人看他哭得这么伤心,于是从腰包里掏出 10 元钱给了小男孩。

小男孩说了声谢谢,接过钱后,停止了哭泣,好心人欣慰地准备离开。可当他一转身,小男孩又开始大哭了,比上一次哭得更加伤心!

好心人有些不解,又转回身来问:"你丢的那 10 元钱不是已经回来了吗?为什么还要哭呢?"

小男孩回答说:"如果我先不丢失那 10 元钱,现在就已经有 20 元了,这样我就可以买到一把更好的手枪啦!"

好心人愣住了,不知道刚才自己做的事情是对还是错,长叹了一口气后,摇着头走开了。小男孩的哭声在他脑海里停留了很长时间——"我要买更好的,我要买更好的……"

这个世界里面美好的东西实在是太多了,拥有它们固然很重要,不过一定要适可而止。如果总想着得到的再多一些,那么你就会成为一个贪婪的人,这是非常可怕的。因为贪婪会像无底洞一样,你永远也没有办法把它填平,这样我们的内心就永远不会感到知足,从而也就永远体会不到幸福的味道了。

我们必须尽早明白:只有内心的满足才是真正的满足。有很多人因为物欲所趋,过着表面轻松、内心却已经疲惫不堪的生活。那些懂得生活乐趣的人,肯定不会把自己的生命浪费在这永无止境的欲望中,同时,也不会为没有意义的事束缚自己的心灵。他们能把心灵保持在最愉悦的状态,不会给欲望有可乘之机。

懂得知足的人能够看透名利、欲望的本质,能够向生活妥协。他们能拿得起放得下,取舍有度,这样,不仅可以过上轻松愉悦的生活,而且心境也会自然地开阔起来。

⑦ 别被虚荣搅乱了心智

人类的虚荣心,已经到了根深蒂固、难以铲除的境地了。古今中外,不知有多少哲学家、宗教家都曾提出过这样的警告:"千万不要让虚荣心扰乱了心智!"可是效果却是很一般,看来,人类的虚荣之心是特别顽固的,很难去除。我们所能做的就是如何改善它,诱导它走向有用的地方去。比如:如果一个有钱人因为有钱而虚荣的话,那么你可以劝他把钱拿出来经营事业,那么便可以对社会有益了,因为它使人类的生活多了一种安全的保障。总之,虚荣只要用到对人类社会有利的方面上来,它就不再是纯粹的有害无益了。

在我们的生活中,那些爱慕虚荣的人总喜欢为了一点面子而给自己找罪受。有些人兜里明明没钱,却还很喜欢装阔,请朋友去吃饭的时候偏偏选择去高档饭点,买单的时候,朋友明明比自己兜里要鼓,自己还要打肿脸充胖子前去买单;与人聊天的时候,总要有意无意向别人吹嘘一下自己"辉煌"的过去。

有个女人,曾经在朋友圈里是出了名的"款姐"。她有着数处豪宅和多辆好车,花起钱来好像流水一样,在朋友面前赚足了面子。可是,好景不长,一个千万富姐一夜间又一贫如洗了,这是怎么回事呢?

事情还得从她与丈夫结婚的时候说起。那时候，丈夫是一个临时工，没有人瞧得起他，她的父母也是如此，就连他们的婚礼都没有参加，那时候她发誓："一定要把面子给挣回来！"

苦日子很快就过去了，她终于迎来了属于她的艳阳天。丈夫成了房地产老板，身价超过了千万。她觉得到了挣回面子的时候了。于是夫妻二人一合计，决定在一家豪华大酒店里补办一场隆重气派的婚礼。她的父母终于放弃了成见，满面春风地参加了女儿的婚礼。

由于虚荣心的极度膨胀，她在短短四五年的时间里就拥有了十一套住宅。每次和朋友一起出去吃饭的时，她都慷慨地买单，有时候给服务员的小费就是四五百。她的豪爽让她在朋友圈子里赢得了"富豪侠女"的美誉。

可是，这个时候他们夫妻间的关系却出现了裂痕。在丈夫眼里，妻子变成了童话故事里那个不断向小金鱼索要财宝、贪得无厌、俗不可耐的老太婆。最后，两人的婚姻走到了尽头。

离婚之后，她的虚荣心还在膨胀，为了不让别人看她的笑话，她不惜一切地想把丢失的面子挽救回来。很快，她陆续卖掉了六处房产和豪华车来继续维持富姐的面子。最后为了维持生计，甚至把手机都卖了。

这个女人就是因为被虚荣心搅乱了心智，从而失去了幸福的婚姻。为了能保住面子，她又失去了仅有的财产。这可是一个悲剧。面子有时是一张面具，自欺欺人，那些为了面子活着的人是很累很可悲的。如果你陷入到了这种无法摆脱的虚荣之中，那么一旦你没有得到它，心里就会感到非常不平衡，进而陷入到罪恶的深渊之中。

请你好好想想，这些虚荣对我们来说有何用呢？在我看来，这只是自己给自己找罪受。想到了一句俗语"死鸡撑硬脚"，说的是鸡虽然死了，可它的脚印还在硬撑着。现在想想这句话确实有点可笑，既然都已经死了，还有必要硬撑着吗？真是死要面子活受罪。

一个人生意失败了，由于他的虚荣心作怪，仍然继续维持着原有的排场，恐怕别人看出他的失意。为了能东山再起,他经常请人吃饭,用来拉拢关系。宴会时,他已经没有车子了,不过会租用一辆私家车来接宾客,同时煞费苦心地找来两个钟点工,让她们扮作女佣来充面子。

佳肴摆满了整个桌子,孩子刚想去夹,他瞪了孩子一眼——孩子已经很久没有吃过肉了。还没等前一瓶酒喝完,他就把柜中的最后一瓶酒打开。当客人们酒足饭饱后,他把问题说给他们听,每一个人都流露出同情的眼光,可没有一个人愿意帮助他,致谢后都告辞离去。

那么我们为什么会有这种虚荣心理呢?其根源就来自于我们的内心,我们害怕别人瞧不起自己,所以在我们去买一件商品的时候,考虑面子要比考虑价格的时候多。囊中羞涩会让我们感到自卑,犹豫不决,不过最终还是屈服于虚荣,咬牙买下了一件东西。于是,在生活中有了这样一种怪现象:有些越是没有钱的人,就越爱花钱去显示自己。

由虚荣心而引发的悲剧,是一件十分不幸的事情,甚至有些人因为虚荣心而送掉性命。凡是爱慕虚荣的人,总会有一天会与身边的人发生冲突,有时候还会与自然界发起冲突,最后,除了失败以外什么也不会得到。虚荣虽然可以自欺欺人,可它无论怎样都欺骗不了自然。

法国哲学家柏格森说过:"虚荣心很难说是一种恶行,然而一切恶行都围绕虚荣心而生,都不过是满足虚荣心的手段。"他说的话就反映出了虚荣心的可怕之处。如果你想获得生活中的幸福,千万不能让虚荣心搅乱了心智。倘若我们想要在世界上找到一个没有虚荣心的人,那就好比要寻找一个内心没有隐藏低劣感情的人,这是一件非常困难的事情。说到底,虚荣不过是人们想借它来遮掩自己低劣的心理而已。

莫让虚荣扰乱我们的心智,舍弃虚荣这个包袱,我们才会轻松、愉快地生活。

8 顺其自然,随遇而安

命运常常喜欢和我们作对,当你决定挖空心思去追逐一件东西的时候,它总是想方设法捉弄你,不能让你如愿以偿。这个时候,有些人脑子里好像缠了一团毛线,越想越乱,越乱越想,最后把自己给埋在在了自己挖的陷阱里面。显然,这种人是愚笨的。

聪明的人懂得妥协,会选择顺其自然,随遇而安。因为他们知道尊重自然规律,活在当下。这样他们不仅活得轻松豁达,而且还会获得意外的惊喜。正是由于他们这种随遇而安的处世哲学,常常会在"山重水复疑无路"之际,眼前突然一亮,然后"柳暗花明又一村"。正因为他们有着一个乐观的心态,面对那些不曾期待的美好时,才会显得从容不迫,从而能把握住眼前美好的事物。

在山间的一座寺庙里面,住着一个老和尚和一个小和尚。一个初秋的早上,师徒二人在院子里散步,走着走着,他们看见了一块草地,草地上长满了绿油油的草,一片生机盎然。可是就在草地的中间,却出现了一大块枯黄的景象,小和尚看到后赶忙对师父说:"师父,快在这里撒些草籽吧!要不这草地太不好看了。"

师父说:"不要着急,随时!"小和尚听后,有点不解。

到了中秋节那天,师父拿出一包草籽,对小和尚好说:"现在把这包草籽撒在地上去吧。"小和尚接过草籽,迫不及待地来到寺庙院子里面的那块草地上。可是刚刚把草籽给洒下,就吹来了一阵风,把撒在地上的草籽给吹走了不少。小和尚看到后,赶忙跑回去同师父说:"师父,大事不好了,草籽都叫风吹给走了!"

师父笑着说:"不要担心,被风吹走的草籽都是瘪的,即使撒下去了也不会发芽的,随性!"

当种子种下后,小和尚每天都来看它们。

有一天他看见有几只小鸟正在土里吃种子,于是他赶紧把小鸟赶走,并惊慌地对跑到师父面前:"师父,种下的种子都被小鸟吃了!"师父说:"不要着急,小鸟是吃不完的,那里一定会长出小草的,随遇!"

过了一个多星期,小和尚果然看到了嫩绿的草芽,一片生机。

师父对小和尚说了三句话,即"随时"、"随性"和"随遇"。这三句话告诉我们:凡事要顺其自然,随遇而安。换句话说,不要总去强求那些不属于自己的东西,如果一味地去强求,只会让我们步履维艰。做人有时候要懂得妥协,学会顺其自然、随遇而安,这样才能在做事的时候得心应手,一路通畅。

事实上,生命中有很多东西是不能强求的,那些刻意去强求的东西,有可能我们终生都不会得到。我们都非常熟悉《揠苗助长》的故事,里面的那个人因为违背了自然规律——擅自把禾苗拔高,不仅没有帮助禾苗生长,反而把禾苗都害死了。

万事万物都具有两面性,"顺其自然"也不例外。然而我们关注更多的却是消极的那一面,看不见它积极的另一面。其实,积极的这一面便是让人能够尽其所能而为之。不要太在乎结果,也不要太在乎名利,更不能过分追求这些东西,否则你会失去许多美好的生活,那么究竟该如何做到?既奋斗又不过分地追求名利,给把握好"度"。

当然,顺其自然并不意味着对所有事情都听之任之,不是单纯地让所有事情都自然发展,这样做,不是"顺其自然"的表现,而是慵懒松散的体现。同样我们在一些事情上也不能过多计较,适时地发挥一下我们的积极主动性,是一种策略,一种智慧。

某乐园马上就要完工了,可设计师们正在为园中道路的设计而大伤脑筋。在所有征集来的设计方案里面,没有一个是尽如人意的。总经理得知这个情况后,他叫人把所有的空地都给种上草坪,就这样,在没有道路的情况下乐园开始营业了。过了一段时间后,总经理从国外考察回来,准备看一看刚刚建成的乐园。

　　他走在乐园时发现，原本铺满了草坪的地面上面，出现了几条蜿蜒曲折的小径，而这几条小径和周围游乐的景点非常巧妙地结合在了一起，这让他感到非常高兴。于是他赶忙找来负责道路铺设工作的人员，让他们沿着这几条小径铺道。

　　如此一来，他们不但解决了设计方案问题，而且还得到了游客的赞赏。

　　荀子说"天行有常，不为尧存，不为桀亡"，生活有着自己的发展规律，不会因为任何人而改变。把这个规律运用到我们的生活中，会收到意想不到的效果。上文中的总经理正是认识到了这一点，所以他没有刻意地去强求一套完美的设计方案，而是顺其自然，没想到竟然得到了一份意外的惊喜！

　　顺其自然，绝对不是被动地面对生活，也不是那种自视清高的消极避世，而是那种能够洞悉人生的一种大智慧。拥有了它，也就拥有了"妥协"这种处世之道，然后你会发现生活里面处处充满着意外的惊喜。

辑2　富贵如过眼云烟

——对财富，看淡一点又何妨

财富在我们生活中扮演着重要的角色，但它绝不是我们的保护神和幸福的源泉，它只是一种生活的工具而已。如果我们过分看重财富，势必就会失去一些非常重要的东西，比如亲情、爱情和友情等。

财富影响生活质量，但我们不能唯利是图

日常生活中，财富是无处不在的，它已经深深地渗透到了人们的衣、食、住、行各个方面。如果一个人离开了财富，那么他在社会上将步履维艰；如果有了财富，就有可能会得到物质享受。财富，是许多人为之疯狂的东西，总有人认为有了它就必然会有幸福。

诚然，财富在我们的生活中扮演着重要的角色，但它绝不是我们的保护神和幸福的源泉，它只是一种生活的工具而已。我们的生活是否幸福，关键的是如何使用财富和如何看待财富，而不是财富的多少。所以，我们要正确看待财富的价值，不在它的面前装清高，但也不能唯利是图。

就像迪安·斯威夫特说的那样："我们脑子里必须有财富概念，但是，不能一心想的都是财富。"

有一个人曾做过两个社会调查，一个是："生活中感到最大的压力是什么？"另一个是："你认为怎样才能摆脱这种压力？"调查结果是：第一个问题的答案中，约有 60% 的人选择了"缺钱"，而摆脱这种压力的方式也都是"赚更多的钱"、"大发一笔"等等。这个调查结果表明：有一大半的人认为有了足够多的财富才会生活得比较幸福。

没错，财富有时候可以给我们的生活带来安全感。有了它就可以有许多东西，可以建立一个物质上比较富裕的家庭，也就能过上较为舒适的物质生活。财富可能是人类最伟大的发明了，因为它可以衡量很多具体事物的价值，为人类的文明作出了重大的贡献。没有财富的时候，交易是通过物换物的方法实现的，它出现之后，我们有了一个更为广阔的交易平台，这些是财富的功劳。

　　虽然财富对我们有很大的帮助，不过它也给我们的生活带来了一连串的问题。人们总是喜欢拿它来衡量自己和别人。有些人认为钱是身份和地位的标志，有了钱就可以步入上层社会，然后成为受人羡慕和尊敬的人；有些人认为钱可以满足自己的虚荣心，有了钱就可以大手大脚、随心所欲地消费；有些人认为有钱可以不用工作，过上清闲的生活；反之，有些人认为如果没有钱，周围的人就会讨厌我，看不起我。

　　如果我们对财富过分看重的话，那么势必会让自己失去信任、亲情、爱情等；因为财富观念不正确的话，会造成灵魂的变态，精神的扭曲。到那时，我们不仅没有快乐可言，相反只会有无限的苦闷与烦恼。

　　有一个叫富勒的美国人，他从零开始，经过努力奋斗，积累了大量的财富。30岁时候就已经成为了一个百万富翁，可是他没有就此感到满足，而是正在雄心勃勃向千万富翁挺进。

　　他工作非常辛苦，以至于他很少有时间陪家人，慢慢的妻子和两个孩子与他疏远了。而且在工作的时候，他还经常会感到胸闷。

　　一天在公司里，富勒接到了妻子的"离婚协议书"，眼前一黑，心脏病突发。在医院里，他不断地反省着，终于认识到自己对财富的追求已经有点过头了，以至于失去了自己最珍贵的东西。经过反复考虑，他作出了一个大胆的决定。

　　于是他打电话给妻子，把这个决定告诉了妻子：把自己的生意和物质财富全部都消灭掉。接着，他们卖掉了公司、房子、游艇，然后把这些钱全捐给了教堂、学校和慈善机构。朋友们都认为富勒疯了，但他感到非常清醒。

　　紧接着他和妻子又投入到"人类家园"的事业中来，这是一桩伟大的事业，因为他们要为那些无家可归的贫民们修建居所，他们的想法是：让每个困乏的人在晚上有一个简单而体面、自己能支付得起费用的地方用来休息。

　　从把拥有1000万美元家产作为奋斗目标，到为1000万人建造家园，富勒感到无比幸福。现在，他们已经在全世界建造了6万多套房子。富勒找到了自己的价值，并和妻子、孩子过着幸福的生活。

富勒曾为财富所迷,差一点就成为了财富的奴隶:被财富夺走他的妻子和健康。不过他在明白了财富的真正含义之后,成为了财富的主人,通过为人类的幸福工作,他自己也拥有了幸福美好的生活。其实,财富是多种多样的,它不仅仅指的是财富,还有很多其他东西。正如托尔斯泰所言:"财富就像粪尿一样,堆积时会发出臭味,散布时可使土地变得肥沃。"我们要正确看待财富,让它为我们所用,而不要成为痛苦的守财奴。

所以说,我们每个人都要学会正视财富,善待财富。把财富用在有意义的事情上面,凭借着本事去赚取它。如果成了一个守财奴,把财富看得都和生命一样重要,那么生活里面永远也不会充满快乐。我们可以留意于物,但不能流连于物,更不能为物所役。

② 做财富的主人,摆脱金钱的束缚

俗话说:"君子爱财,取之有道",我们每个人都有追求财富的权利。不过在财富面前,我们一定要明白:要做财富的主人,而不是财富的奴隶。财富是靠自己的智慧和劳动创造出来的,在追求财富的过程中,要张弛有度,千万不能视财如命,否则就会成为财富的奴隶。

其实,在茫茫人海中,沦落成财富的奴隶的人还真不少。有的人为了财富不惜以身试法,以至于身陷身败名裂的境地;有的人为了财富,不惜背信弃义,置友情和亲情于不顾,以至于背负道德沦落的骂名,就像巴尔扎克笔下的葛朗台,为了敛财而不择手段,有了钱之后,吝啬到一毛不拔。

判断一个人是财富的奴隶,还是财富的主人,我们不能单单看他有没有钱,关键的是看他如何对待财富。要想成为财富的主人,必须要戒掉对财富的占有欲。对财富抱有一种不占有的态度，这也就是说要把财富看做是身外之物，不管是已经拥有的还是即将拥有的，都要与它拉开一定的距离，做到随时可以放弃。

这样一来，我们在财富面前就会保持一种自由的心态，做它的主人。对钱抱有占有态度的人，也就等于被财富占有了，成为了它的奴隶。这无疑就像哲学家说过的那样："他并没有得到财富，而是财富得到了他。"

一个人是财富的主人，还是财富的奴隶，这一切当他面临财富考验的时候，就会显现出来。俗话说："欲速则不达。"为钱而活着的人，常常很难得到它，这就好比一个人如果为了赚钱而从事艺术的话，通常取得的成就都不会太大。而那些把艺术当成是一种兴趣爱好，并不靠它赚钱的人，最后反而取得了一番成就。同样，一个人把钱看得太重，常常得不到它，那些把钱放在次要位置上的人往往能获得巨额财富。

李泽楷曾对青年人说："生活当然需要讲求实际需要，不过要是一味的想着赚回来的财富，什么时候才可以买车买楼的话，那样只会成为财富的奴隶。"所以，我们在选择事业的时候，不要太在乎于财富回报，应注重个人兴趣和理想。

其实李泽楷在小的时候，对很多东西都感兴趣，不过最后他还是选择了卫星电视事业。建立卫星电视的初期，有不少人曾对他的计划产生过质疑。现在，李泽楷非常庆幸当时自己没有把财富看得太重，不然今天的卫星电视绝不会遍及到全球。

美国的大富豪洛克菲勒，一生对财富追求都孜孜不倦。曾经因为一点小小的投资失误了，就会感到痛不欲生。在他五十多岁的时候，他已经感到心力交瘁，不过依然对追逐财富充满着欲望。终于有一天，洛克菲勒病倒了。经过一场大病后，他遵循了医生的嘱咐，不再想着天天疯狂赚钱，因为还有比赚钱更重要的事情，比如健康。

我们应该有一个正确的财富观。生命中应该珍惜的不仅仅是财富，还有很多东西值得我们去追逐，比如：亲情、爱情和友情等。更不能在有了钱之后，为钱所累，为钱而感到焦虑不安。其实，那些有钱的人，不知道拿钱来做什么，要比没钱的人更加痛苦。殊不知在耀眼的光环下面，是他们那深藏其中的焦虑和孤独的心。获得财富，驾驭财富，让财富帮你生活得更快乐，这只不过是我们获得幸福生活的一个手段，而并不是生活的全部意义所在。所以说，不论在赚钱过程中，还是赚到后，都应当以正确的态度来看待它，万万不能为物欲所困，我们只有成为财富的主人，才能真正体会到什么是幸福，什么是快乐。

那么，究竟怎样才能做财富的主人呢？关于，这一点哲学家们的言论颇有道理。苏格拉底说："一无所需最像神。"第欧根尼说："一无所需是神的特权，所需甚少是类神之人的特权。"。

大多数哲学家都是安贫乐道的，他们不会把财富看得特别重。有一些哲学家虽说出身于富贵，不过为了追求精神的自由却主动放弃了财产。

古罗马哲学家塞内卡曾经是宫廷的重臣。面对财富，他从来不会拒绝，因此过着荣华富贵的生活。同时，他在享受的时候，内心是非常清醒的："我把命运女神赐予我的一切——财富、官位、权势，都搁置在一个地方，我同它们保持很宽的距离，使它可以随时把它们取走，而不必从我身上强行剥走。"塞内卡说到做到，后来他官场失意，权财尽失，乃至性命不保，始终泰然自若。

生活中还有很多重要的东西。我们要知道，活着并不是为了赚钱。如果让赚钱本身将时间全部占有，那么即使你有再多的钱，也不会过得幸福。真正懂得生活的人可能不是哲学家，不过他们明白永远都不能做财富的奴隶。

③ 认清自己，不盲目攀比

有一位老人，见到自家的狗不如人家的狗好看，从此出去遛弯的时候便不再带上自家的狗，而且还经常打它、骂它。过节的时候他看见邻居的门前热热闹闹的，便心生不平，于是到处和别人说邻居的坏话，脾气也变得很糟。

俗话说："人比人，气死人"。在攀比者眼里，蔚蓝的天空永远都属于他人，自己的天空永远都是阴霾的；在攀比者心中，笑脸永远都属于他人，忧愁都给了自己。自己的不幸以及他人的幸福，都能令攀比者痛苦万分。

其实，那些对自己的处境感到不满的人，并不是因为自己的生活有多么困难，而是因为他们和别人的生活状况进行攀比，如果看到了生活状况比自己好的人，就总觉得别人比自己要幸福。于是，他们在无形之中就成为了不幸的人。如此一来，他们只会更加痛苦。

从前有一只乌鸦在树上悠闲地唱着歌，忽然它眼前一闪，看见一只老鹰叼着一只绵羊从树旁掠过，于是它向树下面看去，看到了有一群小羊正在吃草。

它心想：老鹰为什么能把羊给叼走？它有的东西我也都有，比如爪子、翅膀。然后，乌鸦便决定学老鹰那样去抓羊。

它先是在羊群上空盘旋着，看到了在羊群中有一只最肥美的羊，然后俯冲而下，瞄准了刚才的那只羊，还在空中向那只羊说道："你的身体多么丰腴啊！我要把你做为晚餐上最可口的那一道菜。"语毕，乌鸦扇着它那无力的翅膀向肥羊冲去。

乌鸦不偏不倚地落在了那只羊的背上，不过无论它怎么使劲，都没有办法把羊叼起来。就在这个时候，放羊的小孩走过来了，乌鸦感觉不妙，想起身飞走，可是它的爪子已被羊毛紧紧地缠住。

这只倒霉的乌鸦逃身无术，只好眼睁睁地被小孩生擒，后半生都要在笼子里度过了。

那些肤浅的羡慕，无聊的攀比，笨拙的仿效，只能让自己整天活在他人的影子下面。处处幻想成为他人就等于失去了自己，这是攀比的悲哀。千万不要总是盲目地去和别人进行攀比，就好像上面故事里的乌鸦一样，非要和老鹰"试比高"，结果"抓羊不成反被抓"。

美国作家亨利·曼肯说过："如果你想幸福，有一件事非常简单，就是与那些不如你的人，比你更穷、房子更小、车子更破的人相比，你的幸福感就会增加。"同样，如果我们对现在的生活感到不满意的话，那就和过去的艰苦岁月对比一下。心里多少会有一点安慰，从而感受到幸福和快乐。如果盲目地去攀比，只能会毁掉一个人的幸福，让人痛苦不堪。

有一只小老鼠整天在为被猫追来追去感到难受，于是，它去求见菩萨。见到菩萨后说："救苦救难的菩萨，您发发慈悲吧！我整天被猫追，快要崩溃了！"菩萨听后，把它变成了一只猫。

小老鼠变成猫以后，本来以为可以过上舒舒服服的日子了，可没想到现在又被狗追来追去。它觉得还是大象最厉害，于是又央求菩萨："把我给变成一头大象吧，这样就没有动物敢欺负我了！"菩萨听后，又把它变成了大象。

小老鼠变成大象后，过上了比较舒服的日子。可是，好景不长，有一天它的鼻子感到很难受，却不知道里面有什么东西，它真想把自己的鼻子割下来！

过了一会，它看见有一只小老鼠从自己的鼻子里钻了出来，这时它恍然大悟：原来做小老鼠也挺好的！

从此以后，小老鼠再也没和谁攀比过。

我们每个人都应该认清自己，找到属于自己的位置，过属于自己的生活。寻找自己的幸福时，不要老是把目光集中在别人身上。就像上面故事里的那个小老鼠一样，无论什么都想和别人进行攀比，最后绕了一大圈还得回来，因为原来的自己是最好的。所以，我们没有必要和别人攀比，幸福其实就在你们的身上，还和别人攀比什么呢？

少一点攀比之心。当一件好事落到某人头上的时候，不要去攀比，因为它会让你痛苦或寝食难安的。嫉妒容易让你对他人的幸福感到痛苦，对他人的不幸感到快乐。何不把狭小的心胸变得豁达些？"海纳百川，有容乃大"，当心胸狭小的时候，针尖般大小的烦恼都会把我们刺疼；当心胸豁达的时候，即便天大的烦恼，也必将被我们的包容和大度所化解。

我们一定要明白，自己的生活是自己的，自己的幸福也是自己的。不要与人攀比,不要羡慕别人的荣华富贵,应该尽自己最大的努力去创造财富。始终抱有一颗平常心,过自己的日子,不管顺境好还是逆境,只要付出了劳动,就一定会感受到快乐,而且是属于自己的快乐。

④ 淡泊明志,摆脱欲望的束缚

一位哲学家说过这样一句话:"10岁时被糖果,20岁被恋人,30岁被快乐,40岁被野心,50岁被贪婪所俘虏。人到什么时候才能只追求睿智呢?"

由此可见,人的物欲是非常强盛的,它就像一个恶魔那样,让我们的内心得不到片刻清净。我们必须时刻提醒自己:要淡泊明志。

在欲望的支配下,有些人经常为了权力、地位和财富不惜削尖了脑袋往里钻。在现实生活中,他们为了满足物欲、情欲、权欲、财富欲等这些虚无缥缈的东西,不惜抛弃良知,通过"尔虞我诈、贪污受贿、招摇撞骗"这些伎俩来满足自己的欲望。这些人活得是非常痛苦的,因为在他们眼中,还有很多人比自己更富足,还有很多人的权力比自己大,所以他们还要硬着头皮往前冲,这样势必透支了体力、精力与生命。

没错,每个人都想过上幸福快乐的生活,这是我们的合理欲求。不过,如果把这种欲望变成无止境的贪婪,那么它就不合理了,会把我们在无形之中变为欲望的奴隶。有这样一个故事:

有一个农夫救了地主一命,地主为了报答农夫的救命之恩,于是决定送给他一块土地。农夫一听说要得到一块土地,高兴得手舞足蹈。地主就告诉他:"明天清早,你从这里往外跑,跑一段就插个旗杆,只要你在太阳落山前赶回来,插上旗杆的地都归你。"

那人拼命地跑啊跑啊，太阳偏西了还不想回来。当太阳落山前，他还是跑回来了。不过人已精疲力竭，上气不接下气，还没等站稳脚跟，他就已经瘫倒在地主的跟前了。这一瘫就再没起来。于是地主找人挖了个坑，就地把他埋了。牧师在给这个人做祈祷的时候说："一个人要多少土地呢？其实就这么大！"

上面的那位农夫，不仅没有得到土地，反而把自己的性命都给搭了进去。欲望这东西是没有止境的，我们日复一日地奔波劳碌，最终得到的不就是埋葬我们身体的那点土地吗？伊索说过："许多人想得到更多的东西，却把现在所拥有的也失去了。"

静下心来好好想想，其实没有什么目标非叫我们实现不可，也没有什么东西值得我们用宝贵的生命去换取。那么，就让我们把欲望看得淡些吧！将它减少再减少，这样，你才会发现只有真实和平淡的生活才是最快乐的。当我们拥有了这种豁达的心境，做起事来不会再感到慌张和浮躁，相反会觉得格外轻松和得心应手。

怎样才能做到淡泊明志呢？古人说过这样一句话"达亦不足贵，穷亦不足悲"。陶渊明"不为五斗米折腰"，面对名利场上的尔虞我诈，毅然辞官回乡，虽然"躬耕"的生活苦了点，不过他能把名利置于身外，活得又是多么洒脱啊！只要我们能做到于利不趋、于色不近、于失不馁、于得不骄，一定也能获得这种洒脱的境界！

在这个世界上，各种各样的欲望实在太多了，除了生存的欲望以外，人们还有自我实现这一欲望，这种欲望在某种意义促进了社会发展的。可是，欲望是没有止境的，欲望太强烈，就会造成痛苦和不幸，这种例子不胜枚举。

有一个流浪汉，每天在大街上溜达的时候总在想：如果我手里有五万元钱，就别无他求了。

一天，流浪汉和往常一样在街上溜达着，突然在墙角看到了一只非常可爱的小狗，流浪汉向四周看了看，发现没有人，于是他地把小狗给抱回了桥洞里，并找来一条绳子把它拴了起来。

　　流浪汉怎么也不会想到,原来眼前的这条小狗是当地大富翁家丢的,而且它是纯正的进口名犬。那位大富翁见爱犬找不见了,非常着急,于是就贴了寻狗启事:如有拾到者请速还,并付酬金五万元。

　　第二天,流浪汉出来溜达时,看到了这则启事。心一下子乐开了花,赶紧抱起小狗准备去领那五万元酬金。可当他再次路过贴启事地方时,发现启事上的酬金已变成了六万元。原来,大富翁非常着急,刚刚把酬金提高到了六万元。

　　流浪汉擦了擦自己的眼睛,向前走的脚步突然停了下来,想了想又转身将狗抱回了桥洞,重新把它拴了起来。第三天,酬金果然又涨了,第四天又涨了,直到第七天,酬金涨到了让所有人都感到惊讶时,流浪汉这才跑回桥洞去抱狗。可想不到的是,那只可爱的小狗已被活活地饿死了,而流浪汉还是一无所有。

　　托尔斯泰曾经说过:欲望越小,人生就越幸福。可见欲望和幸福是成反比的。不要和上面的那个流浪汉一样,不知道满足,只会一味地做欲望的奴隶。生活最大的苦恼,不是因为我们拥有的太少,而是因为我们向往的太多。

　　其实,向往本身并不是一件坏事,不过向往的过多了,而自己的能力又没有办法达到,这就会把我们陷入到无尽的失望与不满中。所以,无论我们做什么,都要把握好度。就算在我们能力范围以内的事情,也不要过于强求自己。把那些无止境的欲望扔掉,不要在徒增烦恼与压力,轻轻松松地享受生活,一步一步地走向成功。

　　欲望是每个人都有的,它有时是合理的欲求,有时是不合理的欲求。面对生活中这么多的烦忧,一定要保持一颗平常心,淡泊明志,决不能做欲望的奴隶。在平凡的生活中寻找到最简单的快乐,你就会收获到"笑看庭前花开花落,静观天上云卷云舒"的心境……

5 贪婪是一切罪恶之源

古人说"贪如火，不遏则燎原；欲如水，不遏则滔天"，唐朝诗人柳宗元曾写过一篇文章，文中描述了一种昆虫：这种虫子长得十分弱小，然而它没有自知之明，不懂得知足常乐。因为太贪婪的缘故，在它出去觅食的时候，只要是看到自己的喜欢的食物，它就会将其驮在背上。而它喜欢的东西实在是太多了，弱小的身躯根本承受不住这么多的东西，最后的结果是被压死了。贪婪是一切罪恶的根源。

有些人为了拥有更多的财富，不择手段，甚至丧失了人性。

人的欲念是没有边际的，我们已经得到不少了，可仍然希望得到更多些，这样一来，我们势必就会变成一个贪婪的人。贪婪是一切罪恶之源，它能令人忘记一切，哪怕是自己的人格。它能令人丧失理智，作出愚昧不堪的行为。有些人因为贪婪，不懂得放弃应该放弃的东西，结果是失去了更多，甚至赔上了性命，实在是可悲！

古时候的一天，同村的五六个同伴一起去河对岸办事，不想船到水中央的时候，突然下起了大雨，河水暴涨，水势很急。幸亏他们都识水性，所以才没有被水卷走，不过要想游到到岸边的话，还得着实费把劲。其中有个平时水性非常好的人，不过现在却游得很慢。

同伴看到了问他："你平时水性那么好，今天是怎么啦，竟然落在了我们的后面？"这个人非常吃力地说道："有500铜钱在我腰上缠着呢，很沉，我游不动啊！"同伴听后，劝道："赶快把它解下来丢掉，不然你是游不动的！"可是他舍不得扔掉这500铜钱，在水里挣扎着摇着头。这个人越游越慢，马上就要坚持不住了。

这个时候，已经有同伴游到岸边了，大家看见这人马上就要沉下去了，于是就冲他大喊道:"你为什么这样愚蠢,快把钱扔了!如果还不扔,性命就保不住了,没有了性命,这些钱还有什么用!"

可是当这个人懂得了这个道理的时候已经晚了。不一会儿,他就和钱一起沉到了水里。

上面故事里的主角因为舍不得丢掉钱,从而丢掉了自己的性命。这种愚昧荒唐的行为是多么可笑啊!其实,人无论怎样也没有办法把财富带入坟墓,不过财富却能把人给带入坟墓。所以说,人不能太贪婪。

当今社会,美好的东西实在是太多了,同时到处也都充满着诱惑,这就很容易让人萌生贪婪的念头。有些人总希望得到更多的东西,于是为了满足自己无限膨胀的欲望和不着边际的幻想,不惜铤而走险。那些贪婪受贿、偷窃、抢劫、行骗、赌博、走私贩毒的罪犯,没有一个不是因为贪婪造成的。在欲望面前,他们明明知道这样做是违法的,可心存侥幸,总想捞足捞够之后,再金盆洗手,安享其乐。然而贪婪是一条不归路。也许短期内贪婪会给你带来好处,可贪婪的大门一旦打开,你便永远也关不上它了。

贪婪是人类灵魂的一颗毒瘤,是罪恶的基因。贪欲一旦膨胀,人就会迷失本性,滋生恶念。如此一来,贪婪的人永远也不会获得真正的快乐。过多的欲望已经使他们丧失了快乐的神经,因为总是感觉不到满足,全身已然变得麻木。

这个世界里面充满了形形色色的诱惑,我们每个人心中都有着永无止境的欲望,可这并不意味着我们无法拒绝贪婪。拒绝贪婪的关键在于我们的内心,相信只要看穿了贪婪事物本质,我们就能以一颗平常心来对待欲望和诱惑了。拒绝贪婪其实并不难,难的是拒绝自己。

所以,从现在起,从自己做起,把过多的欲望包袱给卸下来吧!用全新的眼光来重新看待你自己,让自己的灵魂挣脱没有止境的需求,进入豁达之境。

6 幸福与财富没有关系

在美国有这样的一对夫妇,生活比较拮据,他们一直渴望通过购买彩票变成有钱人,使家庭生活变得幸福。于是,他们在不影响日常生活的情况下坚持买彩票,把买彩票作为一项经济投资。有一天他们的运气来了,真的中了900万美元的大奖。他们一夜之间从穷人变成了富人,不过他们并没有过上幸福生活。

这么多的钱并没有带给夫妇两人他们渴望的生活,反倒让丈夫患了严重的抑郁症,原本相濡以沫大半辈子的幸福婚姻,竟然也被撕碎了。

如此看来,有了财富也不一定会幸福。我们要学会放飞自己的心灵,不要让它被财富囚禁。

世上比财富美好的东西还有很多,幸福并不一定要靠财富去实现。当你身心感到疲惫的时候,不妨去听一听三毛写的《橄榄树》这首歌。闭上眼睛,聆听着那美妙的旋律,内心会明白:能让一个人放弃一切去流浪的,或许正是"故乡"或者"橄榄树",而不是让人疲惫不堪的财富。

周末邀朋友一起出去玩的时候,大家经常会愁眉苦脸地说:"没钱怎么玩?"有点无语,心里多少会有点难受。没钱怎么玩?这好像已经成了某些人的口头禅。仔细想想,这句口头禅不禁会使我们提出这样的疑问:难道说因为没钱,就没有享受幸福的资本了吗?这让我想起了三毛的《我的志愿》,里面有这样一句话:"我有一天长大了,希望做一个拾破烂的人。因为这种职业,不但可以呼吸新鲜的空气,同时又可以大街小巷地游走玩耍,一面工作一面游戏,自由快乐得如同天上的飞鸟。"

由于姗姗家人的极力反对,最终她还是和石头提出了分手。石头非常不愿意,恳求姗姗不要离开,甚至曾经跪在地上过。可是姗姗迫于压力只能对石头说:"我们在一起过得太辛苦了,你放手吧,也许这样我们彼此都会好点。"石头无奈地同意了。

姗姗把石头送到了车站,回到住处时看着空荡荡的屋子,心里有点难过。凌晨时分,姗姗听到了敲门声,没想到石头居然没有走,他告诉姗姗:"要是我走了,会后悔一辈子的!就算受天大的苦,我也不想分开。我们一定会幸福,我要证明给所有人看!"

拼搏的日子是艰苦的,姗姗去市场卖衣服,石头在一家装修公司工作。那时候,他们每天都吃最便宜的豆芽菜,只为了多省些钱。尽管日子很紧,可石头却舍得花上千元为姗姗买戒指。姗姗生病的时候,为了让医生给她用最好的消炎药,石头竟然偷偷地去卖苦力。

每天晚上,他们散步的时候姗姗都会望着一扇扇窗户说:"什么时候我们才能有扇属于自己的窗户呢?"石头握住她的手说:"一切都会有的。"

石头努力地兑现着自己的承诺。经过十余年的艰辛打拼,他们已经有了两套房子,他一直把姗姗当做手心里的宝。走过了人生路上的风风雨雨,姗姗觉得自己非常幸福。她的幸福不仅仅是拥有现在的物质,更在于她和爱人心里的那一份坚持。每每想起与丈夫一起奋斗的那些年,姗姗都会由衷地说:"那时候真穷,不过真的很幸福。"

"吃得苦中苦,方为人上人"是一句很经典的励志格言。不知道你有没有想过:为出人头地付出如此代价值得吗?这样做是不是真的能给自己带来幸福?经过深思熟虑后,你会发现,其实有钱和没钱在幸福面前不是最重要的。

在生活中,有很多人赞同没钱就没权利享受幸福的说法,他们之所以会这样说,是因为他们还没有唤醒自己的幸福。要是一个人的生活过于平淡时,幸福就会在他的身边沉睡过去。这个时候,就需要有一些举动来刺激它一下,将它唤醒。

没错,幸福的确需要一定的经济作为基础,但并不意味着有了钱才会幸福。千万不能傻傻地认为只有等自己有钱了的那一天,幸福才会来。也许在不久的某一天你成为了"有钱人"，恐怕到那时候，你又会追悔已经逝去的那些美好年华，然后感叹自己浪费了很多原本可以幸福的时间。

每一个人都有属于自己的生活方式，也有别样的人生，这是无法比较的。记住一句话：幸福不是等你有钱了才会来！

辑3　海上没有不带伤的船

——对磨难,乐观一点又何妨

　　微笑着面对生活中的磨难,把自己生命中那些不幸的遭遇看做是一道或圆满或凄美的风景。如果能用这样一种看风景的心情来笑看人生,你会发现身边的一切都是那么美好。

① 用微笑面对磨难

俄国著名诗人普希金说过这样一句话："假如生活欺骗了你，不要悲伤，不要心急,忧郁的日子里需要镇静,相信吧,快乐的日子将会来临。"生活中处处充满着凄风苦雨,磨难随时都有可能来到我们的面前,我们要拥有一颗乐观的心,用微笑来面对它。

我们没有办法选择容貌,不过可以选择微笑;没有办法改变外表,不过可以提升气质。一个人来到这个世界上,有很多东西是自己无法选择的,比如容貌、国度、家庭、父母等。可能你的容貌长得不是很出众,不过千万不要因此而自卑,因为你身上还有着其他的闪光之处。

美国著名歌唱家卡丝·戴莉,天生一副好嗓子,唱起歌来非常动听。不过她却长着一口龅牙,张开嘴唱歌时,非常难看。

这个天生的缺点成了她的一块心病。在参加歌唱比赛或者演出时,她心里总是想着自己难看的龅牙,为了掩饰这个缺点,她尽力不让嘴张得太大。这么一来,她的表演几乎都已失败告终。

卡丝·戴莉慢慢地对自己感到了绝望,就在她快要坚持不下去的时候,有一位老师发现了她的歌唱天赋,并告诉她"你很有唱歌的天分,如果你能忘掉自己的龅牙,一定会成功的!"。在这位老师的鼓励下,卡丝·戴莉终于走出了心理阴影,在一次全国歌唱比赛中脱颖而出。

长得丑点也许是一种缺陷,可如果整天盯着自己的缺陷不放,这就会造成一场悲剧和灾难。就像上面故事里面的卡丝·戴莉那样,总是想着自己的龅牙,不停地告诉自己它是多么丑陋,那么势必会给自己带来痛苦和伤悲。换一种心态来看待这些,用微笑来面对缺陷。上天把一扇门给你关上的时候,总会为你再打开一扇窗子。我们没有必要为自己的平庸与丑陋感到自卑,只要能正确地对待它,就会从缺陷的阴影里面走出来。

所以我们要用乐观的心态来笑对人生,用这种积极、阳光、乐观的心态走好漫长人生路,相信一定能获得无数的快乐。练就这种乐观的心态,它可以帮我们战胜沮丧,化坎坷崎岖为平坦顺畅。它是成功的催化剂,也是另辟蹊径、迎接成功的法宝。

爱迪生在一家工厂里面有一个实验室,里面有价值 200 万美元的设备和大部分研究成果。在一个晚上,工厂突然失火了,爱迪生的实验室被烧得干干净净。

第二天,爱迪生来到现场,这位大发明家看到他的实验室化为灰烬之后,难免一阵心痛,毕竟这是他大半辈子的心血。在场的每个人都用温暖的语言安慰着他,劝他不要难过。

爱迪生挥了挥手,向大家表示感谢,然后轻轻地对大家说:"大家放心好了,我不会就此陷入绝望之中的!其实灾难也有它的好处,没错,这场大火的确把我的成果给烧光了,不过同时它把我的错误也烧光了,现在我要重新开始!"

马克·吐温号称是美国最爱开玩笑的人。其实,他的生活充满了磨难。在很从小的时候就失去了两个哥哥和一个姐姐,成家后,他又目睹了自己的孩子先他而去。

经历了这么多的不幸,马克·吐温仍然没有被这些磨难所打到,因为他坚信:生活虽然是苦楚的,不过我们可以用欢笑来做止痛剂,这么一来,它可以减轻磨难的苦痛,让我们找到生活的乐趣。

我们没有办法改变事情的结果,不过可以改变一下自己的心态。无论是爱迪生还是马克·吐温,每一个成功的人都有着一份积极乐观的心态,尤其是面对磨难的时候。我们可能没有办法掌控风的方向,不过我们可以调整风帆,微笑着面对生活,即使在人生的逆境之中你也会看到光明的前途。

微笑着面对生活里面的苦难,把自己生命中那些不幸的遭遇看做是一道或圆满或凄美的风景。用这样一种看风景的心情来笑看人生的时候,你会发现一切都是那么美好。亲爱的朋友,不论摆在你眼前的是快乐还是苦难,请真诚地向它们微笑,然后抬起头向前方走去,那时你会觉得原来一切都没有想象的那么难。

② 成功总在战胜困难之后

生活永远不会是一条顺通无阻的坦途,在通往成功的道路上,有着无数的艰难险阻。请不要气馁和悲伤,相信自己,因为成功总在战胜困难之后。只有经历了风风雨雨的考验,才会看见天空中那道最美丽的彩虹。

"梅花香自苦寒来,宝剑锋从磨砺出。"没有一门本领不是通过艰苦的磨炼而获得的,那些投机取巧而学到的本领,可能一时比较见效,其实那和揠苗助长是一样的,最后肯定会自食恶果。生活中的每一份希望、每一份快乐都握在我们自己的手中,不要轻易松开双手,要牢牢抓紧,要坚信任何香甜的果实都是自己用血汗浇灌而得到的。

鉴真大师刚进入佛门的时候,寺里的住持让他做一个行脚僧。起初,鉴真很不情愿,因为行脚僧每天所做的事情是很无聊的——每天都要下山去化缘。

一天,太阳已经爬得很高很高了,鉴真仍然没有起来诵经。住持感到很奇怪,于是来到鉴真的房间,推开房门后,住持看见了一大堆破破烂烂的鞋。住持见房间如此凌乱,有点生气了,上前叫醒鉴真:"你今天不下山去化缘,把房间弄得这么乱,堆这么一堆破鞋干什么?"

鉴真睁开眼睛,懒洋洋地说:"我刚剃度一年多,就穿烂了这么多的鞋子,可是别人一年一双鞋都穿不破!"

住持听后,顿时明白了,然后微微一笑说:"昨天下了一夜的雨,你和我到外面去走走吧!"

于是他们一同走到了寺庙的前面,停下来脚步,眼前是一段黄土坡,由于昨夜雨水的浸泡,现在路面显得泥泞不堪。住持摸着鉴真的脑袋说:"你是愿意当一辈子的小和尚呢,还是要做一个佛法无边的大师?"鉴真看着住持的眼睛说:"我要做佛法无边的大师!"。

住持摸了一下花白的胡须,然后对他说:"你昨天下山去化缘,是不是在这条路上走过?"鉴真回答说:"嗯,是的!"

住持接着又问:"那你还能找到自己的脚印吗?"

鉴真挠了挠脑袋说:"不能,昨天白天没有下过雨,这条路又干又硬。"

住持说:"如果今天我们在这条路上走一趟,你能找到你的脚印吗?"鉴真说:"呵呵,当然能了!"

住持听后,拍了拍鉴真的肩说:"只有泥泞的路才能留下脚印,世上所有的事情都一样啊!"鉴真听后,转了转眼睛,然后恍然大悟:要想成为一位得到高僧,一定要经历风雨,就像一双脚踩在泥泞的地面上,只有这样,才能留下无法磨灭的足迹。

那些在风雨中走过的人们,深深地懂得痛苦和快乐究竟意味着什么。留在泥泞道路上的那两行足迹,证明了他们所走过的路。司马迁在遭受宫刑身心受到极度摧残的情况下完成了我国第一部纪传体史书《史记》。中国女排曾在经历了一次次失败的磨炼后,通过严格训练和顽强拼搏,最后赢得了五连冠。

倘若你面对困难时选择了放弃,不再为自己的目标努力了,那么你永远也不会成功。那些失败的人总是喜欢说:"如果想尝试失败的话,就退却、停止、放弃、逃跑吧!你其实是个无名小辈。"

拯救自己的人对此从来都不会这么理解困难和失败,他们在困难和失败面前总会选择再尝试。他们或许会这样对自己说:"这是一条难以成功的道路,现在让我再从另外一条道路上去尝试吧!"

蛾在由蛹变茧时,翅膀萎缩着,是相当柔软的。当它们要破茧而出时,其实要经过一番痛苦的挣扎。因为,只有这样,它们身体里的体液才能流到翅膀上去,翅膀才能变得坚韧有力,然后可以在空中自由飞翔。

一天有个人碰巧看到树上有一只茧正在蠕动,好像有东西要从里面出来了,于是他走到树旁,准备看一下由蛹化蝶的整个过程。

时间在一点点过去,他看得有点不耐烦了。茧在树上来回扭动着,透过茧他可以用看见里面的蛹在奋力地挣扎着,不过这么长的时间过去了,它还没有挣脱掉茧的束缚。

最后,他看得有些迫不及待了,于是就找来一把小剪刀,在茧上剪了一个小洞,想帮助它轻松地摆脱掉束缚。没过多久,他就看见有一只幼蛾从茧里爬出来了,不过它的身体十分臃肿,翅膀也异常萎缩。

他在一旁等着看蛾飞起来,可是这只蛾却只是跌跌撞撞地爬着,怎么振动翅膀也飞不起来。

现在有不少人都在谈论人生。不过,有很多人往往对人生的曲折估计不足,有些人把人生之路看得像飞机场一样平坦,像开满山花的小路一样迷人。这样一来,当他们在前进的道路上遇到挫折时,由于没有充分的准备,很容易就会感到悲观和彷徨。其实,在人生的旅途上,欢乐与悲伤永远是并存的,顺境与逆境也是重叠的。大凡是那些有些作为的人,在前进的道路上,往往是先有"山重水复疑无路"的逆境,几经奋斗之后,又迎来了"柳暗花明又一村"的顺境。

每个想要战胜困难的人都应该记住这样一句话:阳光总在风雨后。人的一生中会遇到很多困难,要成功并不容易,想要获得成功不仅要具有战胜困难的勇气和信心,而且还要必须经历经苦难,只有这样,才能百炼成钢。

③　人生没有绝望的路，只有绝望的心

绝望就好比是一团乌云，有时会遮住我们心中的太阳，让我们的生活陷入到一片昏暗之中，不知道自己在做什么，也不知道自己将做什么。当我们与绝望狭路相逢的时候，生活就像是一潭死水，毫无生机。整个人看起来面色惨白、目光发直、茶饭不思，想把周围的一切撕碎，包括自己。

不过绝望像是一缕乱麻，你越是想把它理顺，它就越乱。"山重水复疑无路，柳暗花明又一村。"当你在人生的格斗场已经感到绝望、正准备离场的时候，请注意，正有人兴致勃勃地打算入场。只要你再坚持一刻，成功就是你的。因为在你绝望的那一刻，往往就是希望的开始，危机的尽头往往就是转机。人生没有绝路，只有绝望的心。

在田间的小路上，有一位农夫正牵着一头驴走着。农夫一会摸摸驴的脖子，一会给驴唱歌听，看得出来，这个农夫很喜欢这头驴。可是天有不测风云，走着走着，一不留神，驴失足掉进了路边的一口枯井里。

这口井不算很深，但是井口很细，驴被卡在里面了。农夫想尽了一切办法，可是怎么也不能把驴给救出来。就这样，小半天过去了，农夫已经无计可施，到了绝望的境地。

驴的呜咽声慢慢低沉下来了，农夫心想：驴和自己一起苦了一辈子，好歹也得让它入土为安啊！

于是他到附近的村庄里借来了一把铁锹，然后往井里填土。一锹一锹的土扔进井里的时候，农夫的心头是一阵阵的心酸和不忍。谁知当泥土落到了驴背上的时候，驴抖动身体进行挣扎，土被抖落到井底，一锹一锹越积越厚，而驴挣扎着的身体离井口也越来越近了。最后,井填满了,驴也出来了。

农夫于不经意间把驴救出来了,也许故事中的农夫运气不错,不过重要的是它告诉我们:人生没有绝路。其实在生活中,我们有时由于遭受失败和挫折就会急于选择放弃,这样的话,最终只能以失败而告终。殊不知,生活有时也会出现断层,这和金矿的矿脉一样,只要我们对它不失去信心,一锹一锹地慢慢挖掘,相信总有一天会挖到金子的。

人生就是一场旅行,旅途不可能总是风和日丽,随时都可能遭遇外界的阴风恶雨、猛禽野兽的侵扰,再加上自己的三病两痛,这些我们都没有办法避免。就好比绝望来临时候,总有人悲伤和哭泣,用这样的方式来面对绝望,显然头上那块乌云不会轻易散去的。要想把头上那块绝望的乌云给赶走,就必须要用"心"———一颗永不绝望的心!

斯蒂芬·霍金也许是全世界身体最没有力气的人。他全身只有3个指头能够活动,瘦弱的身体在轮椅上已经几十年了,全凭语言合成器与人进行交流。

然而,斯蒂芬·霍金并没有因此而陷入到绝望的境地。相反,在一个伟大的信念支撑下,他更加珍爱自己仅存的生命,顽强地活着,并把自己的全部精力投入到对宇宙秘密的探索之中。在与死神争斗的岁月里,霍金在学术上登上了一座又一座的高峰,被誉为继爱因斯坦之后最伟大的科学思想家。他不仅证明的是宇宙大爆炸和黑洞的存在,同时他还用一生的时间来证明另一件更重要的事情——无论多么大的困难,我的心都不要感到绝望。

由于多年的病魔摧残,斯蒂芬·霍金的身体已经变形:头只能朝右边倾斜,肩膀一边高一边低,嘴已变形,双手紧紧握着手掌大小的拟声器键盘,两只脚是朝内扭曲的。在轮椅上的几十年里,斯蒂芬·霍金纵使遭受再大的病痛摧残,也从来没有停止过对科学的追求。《时间简史》一书首版至今,在英国的销量可以同《圣经》和莎士比亚的作品相媲美。同时在全世界范围之内,这也是一本畅销书。正是这些杰出科学成就,再加上他与疾病向斗争的坚强毅力,使得霍金成为当今世界最具传奇色彩的科学家之一。

一位哲学家说过:"你笑的时候,全世界和你一起笑;你哭的时候,那你就一个人哭去吧。"这句话的意思是:人只有自己才能拯救自己。当困难来临的时候,我们应该抛弃那些没有任何意义的悲伤与哭泣,应该先静下心来,然后用我们所有的心智来寻找解决问题的方法,相信只要你冷静地去寻找,总会找到出路。

也许柳暗花明的到来,需要经历千辛万苦,也有可能在一瞬间就轻而易举地得到。然而有一件东西是相同的,那就是你必须要有一颗不屈服于困难的心。

人无绝路,心有绝路。世上是没有真正的绝路,真正的绝路在心里。绝望的乌云没有办法避免,不过只要我们的心里装满了希望,生活总会有云开日出的那一天。

④ 坚持,奇迹才会出现

古人讲:"骐骥一跃,不能十步;驽马十驾,功在不舍。"可见,成功的秘诀不在于一蹴而就,而在于你是否能够持之以恒。永远也不能轻言放弃,因为没有人会知道下一秒将发生什么,只要这一秒不放手,坚持下去,下一秒就有可能出现奇迹。

如果有了坚持的勇气,那么至少还会有成功的可能;否则,我们一定会失败的;如果你对自己说"我失败了,放弃吧",那么你真的会躺下去起不来了。如果你说"我还能坚持",那么你真的就会有接着走下去的力量。人可以打败自己,也可以成全自己。

一艘轮船遇难了,在船快要沉下去的瞬间,有个人抱了根木头跳入海里,非常幸运地活了下来。他在海上漂流了大约有两天的时间,然后被波浪冲到了一个小岛上。小岛上没有人居住,不过他还是没有放弃获救的信心。于是他走遍整个小岛,把所有能吃的东西都搜集起来,放进了一个小棚子里储藏着,但这些食物仅能勉强维持一个月的时间。因此,他要在食物吃光之前获救,否则他就会被饿死。

他每天都爬上山顶向海上张望,希望可以看见远方的船只。船没有看见,可他看见了一股股的浓烟,再仔细一看,是自己小棚子那个方向!

于是他急忙跑了回去。原来是雷电点燃了木房,大火熊熊地燃起来,他多么希望雨能再下得大些啊,因为在木棚里有他所有的食物啊!可是,雨并不大,不足以灭火。当木棚子化为灰烬时,大雨才落下来,但一切都晚了。

没有了食物,他绝望了,心想这一定是天意,于是就心灰意冷地在一棵树上上吊结束了自己的生命。就在他停止呼吸后不久,一艘船开了过来,船上的人们来到岛上,船长看到灰烬和吊在树上的尸体,明白了一切,他对船员们说:"这个上吊的人没有想到失火后冒出的浓烟会把我们的船引到这里,其实,只要他再坚持一会儿就会获救的。"

坚持是获得成功的必经之道,只有坚持自己的目标不更改,不放弃,才能实现你的梦想,就像房屋是由一砖一瓦堆砌成的,乒乓球比赛的最后胜利都是由一次一次的得分累积而成的一样。人生的道路是很漫长的,不会一直平坦,也不会一直坑洼不平,重要的是你有一个自己的目标,并且坚持不懈地去追求它去实现它,决不能因为一次次的失败而放弃自己原来追求的目标。

一个著名作家在谈到他的创作之路时说道:"当我推掉其他工作开始写一本25万字的书时,心一直定不下来,我差点放弃一直引以为荣的教授尊严,也就是说几乎想不开。最后,我强迫自己只去想下一个段落怎么写,而非下一页,当然更不是下一章。整整6个月的时间,除了一段一段不停地写以外,什么事情也没做,结果居然写成了。"

有一个旅行者独自在大漠中穿行着。不巧沙尘暴突然来袭,风沙卷走了他那装有干粮和水的背包。这个人难免有些沮丧,不过没有就此放弃。

"哦,我还有一个苹果!"他惊喜地喊道,原来在他上衣的口袋里还有一个苹果。于是,他就攥着这个苹果,坚强地走在沙漠里。整整一个昼夜过去了,他仍未走出空旷的大漠。饥饿、干渴、疲惫一起涌上心头,望着茫茫无际的沙海,有好几次他都觉得自己快要支撑不住了。可是看一眼手里的苹果,他抿抿干裂的嘴唇,陡然间又增添了些许力量。

顶着炎炎烈日,他又继续艰难地跋涉。已数不清摔了多少跟头,只是每一次他都挣扎着爬起来,踉跄着一点点地往前挪,他心中不停地默念着:"我还有一只苹果,我还有一只苹果……"

3 天以后,他终于走出了大漠。那个苹果仍紧紧地握在他的手里,看上去像一个宝贝。

人的一生又何尝不是如此?在生命的旅途中,我们常常会遭遇各种挫折和失败,就像行走在迷茫无际的荒漠中。这时候,不要轻易地说自己什么都没了。其实只要心头不熄灭一个坚定的信念,努力地去找,总会找到帮助自己渡过难关的那"一只苹果"。握紧它,就没有穿不过的风雨、涉不过的险途。只要坚持,奇迹就会出现。

坚持是对绝望的否定,人生永远不能绝望。当你身处茫茫大漠时,只有坚持寻找,你才会感受到绿洲的润泽;当你感到生活的不幸时,只有坚持信念,你才会得到幸运天使的青睐;当你身处黑暗的深渊时,只有坚信黎明会到来,你的人生才会有奇迹发生。坚持会改变命运,坚持会创造奇迹。

⑤　有毅力,才能演绎出精彩

看看"美国名人榜"上那些名人的经历,你就可以发现,那些功业彪炳千秋的伟人,都受过一连串的苦难的打击。正是凭着永不服输、永不放弃的坚强毅力,他们才能坚持到底,并最终取得成功。成功是什么?成功其实就是用顽强的毅力战胜一连串的苦难。

在这纷繁复杂的世界里，人们总是要与苦难碰面，很少会有所谓的"一帆风顺"。人们虽然走着不一样的道路，可品味的都是生活加载于个人的苦难。苦难是人生旅途中一道别样的风景，是走向成功的助跑器。同样，生命因困难而精彩，并在同困难的斗争中不断强大。

张强因为一次意外车祸失去了双腿。不过，他并没有被困难压倒，经过十几年的打拼后，他成了一个大老板。

一个朋友和他开玩笑说："要是你双腿还在的话，会不会更有本事啊？"

张强淡淡地一笑说："也许你说的有道理，不过我并不对此感到遗憾。因为如果没有那次车祸，我也许会当一辈子的农民，每天都要忙着下地干活，不会有时间来学习一技之长。从这个角度上看，我要感谢老天爷夺走了我的双腿，正是因为这样，我才有了面对苦难的勇气和信心。"

困难并没有把张强给压倒，反而把他的意志力变得更加坚强，凭借着惊人的毅力，最终取得了成功。

困难没有什么可怕的，可怕的是当我们面对它的时候失去了勇气和信心。其实，只要勇于面对，不灰心、不气馁，积极地寻找出路，就能越挫越勇，从而开辟出一条新出路。软弱的人总是喜欢把一切归结于命运，并奢望天降奇迹求得解救；聪明的人则是相信自己，并在艰难与困苦的遭遇中百折不挠。艰难能够磨炼人，那些经历过风雨的人，不仅不会有什么损失，相反，往往能锻造出坚强的性格和意志。

居里夫人曾说过："人要有毅力，否则将一事无成"。毅力和壮志就好比是梦想的两个翅膀，二者少了哪个都不行。如果你没有坚韧的毅力，你的事业就会像雄鹰折断了一只翅膀一样，不可能展翅飞翔，更不可能遨游出你的一片天空.

罗斯福不幸患上了脊髓灰质炎，病情非常严重，两条腿完全不能动，脖子僵直，双臂也失去知觉了。他的背和腿疼痛难忍，肌肉像剥去皮肤暴露在外的神经，稍一触动，就难以忍受。一场严峻的考验摆在了罗斯福面前，它比生死的考验更为残酷,也更叫人难以忍受。

与身体上的疼痛相比,精神上的折磨更为让人难以忍受。从一个年轻力壮的硬汉子,一下子成了一个残废人,他几乎绝望了,曾一度以为"他是上天抛弃的孩子"。但罗斯福毕竟是罗斯福,当医生正式宣布他患的是脊髓灰质炎时,妻子几乎昏了过去,而罗斯福却只是苦笑了一下:"我就不相信这种病能够整倒一个堂堂男子汉,我一定要战胜它!"

病痛并没有把罗斯福吓到,他给人的印象是一个完完全全的健康人。他面对病痛所表现出来的惊人的勇气和乐观向上的态度,不仅增添了他个人的自信,也赢得了别人的尊敬和信任。

美国总统选举时,罗斯福在儿子的协助下,拄着拐杖走上了演讲台,全场人民对这个顽强的人报以雷鸣般的掌声。虽然他的腿已经麻木了,不过他的心仿佛长上了翅膀。罗斯福最终赢得了这次选举,他的胜利在于他那非凡的毅力和超人的意志。

苦难并没有使罗斯福感到绝望,相反,他坚强地"站"了起来,"走"了出来。由此可见,拥有顽强的毅力对于一个向往成功的人是非常重要的。每个人都有毅力,只是多和少的问题,获取和失去的问题。在成就事业的过程中不免要遇到挫折和失败,但如果没有坚强的毅力作为后盾,将永远也走不出困境。如果你正走在通往成功的路上,请不要忘记,毅力是成功道路中一块不可或缺的奠基石。

意志也是我们对待苦难的一个有力武器。我们都会遇到挫折、困难,有时甚至会遇到难以承受的灾难。这个时候千万不要放弃,我们需要有顽强的意志。这种顽强意志的背后其实就是一个很简单的想法——活下去。无论遇到多么大的困难,只要活着就有希望,只要活着就有美好的明天。

6 多一份努力，多一份尝试

有人问沃尔玛百货公司的董事长山姆·沃尔顿成功是什么，他回答说：比别人更努力。有人问世界富豪保罗·盖蒂成功是什么，他回答说：比别人更努力。有人问微软公司总裁比尔·盖茨成功是什么，他回答说：比别人更努力，然后找一群努力的人一起来工作。

在每一个成功的人士的眼里，要想成功就要比别人更努力。可见，努力是成功的一条捷径，而且是成功必须要付出的代价。一个画家要完成一件伟大的作品，不知道要吃多少苦头，不知道要经历过多少年的磨炼；一个作家要完成就一部优秀的作品，不经过几番痛苦的思考是写不出来的；一支部队要赢得一场战役的胜利，就必须做出巨大的牺牲。这些画家、作家和战士，都是用艰苦的努力和辛勤的汗水换来了成功。

人才是经过磨炼出来的，人的生命具有无限的韧性和耐力，只要你始终如一地努力做下去，无论在怎样的处境，都不自暴自弃，你便可以创造出令自己和他人都感到震惊的成就。

在一家外资公司里，有一位员工总是被公司调来调去，哪儿缺人手就被调到哪儿。他感觉自己就像一块砖，哪里需要哪里搬。如此一来，自己的能力便没有办法发挥出来了。

这位员工沮丧地向他的一个朋友诉苦道："我觉得自己的专长无法发挥出来，这样的工作还值得继续干下去吗？"

朋友听后，认真地对他说："你经常被调到不同岗位上磨炼，的确是很辛苦的。但只要你努力肯学，应该也能胜任，否则你的公司不会做这样的调动。现在，你在工作中的表现第一是努力,第二是努力,第三还是努力,那么过不了多久,公司员工之中磨炼最多的是你,能为公司贡献才智的也是你。你应该这样想才对啊!"

他听后,心底顿悟:是呀,肯干就是成功,不能患得患失、拈轻怕重,否则就会失去成长的机会,受苦才是成功与快乐的必经历程。于是他不再抱怨那些了,而是把所有的精力都集中在了工作上面,他干得很起劲。两年后,他成为了公司中最耀眼的新星。

如果一个人有了脚踏实地的习惯,不断自我努力,并积极为一技之长下功夫,那么成功就会变得简单起来了。个人在追求成功的过程中,总会遇到一些困难和挫折,尤其是创业阶段的企业,比如政策影响、经济危机等都是不可避免的外在因素。这时候,持续地努力,不懈地追求,才能够帮助企业渡过难关。如果中途退却,是看不到成功的曙光的。

一个肯不断地充实自己能力的人,总有一颗热忱的心。他们敢于尝试,不懈努力,多方面地向别人求教。他们可能成功较晚,不过却通过各种不同的经历增长了见识,提高了能力,学到了很多不同的知识。学到的所有的知识一定要转化为行动,因为只有行动才有力量。我们是凡人,生命是有限的,不可能放弃自己的一切去听从别人的指挥,由别人操纵我们的一生。否则,到一定的时候,我们就会悔恨自己,也埋怨他人。与其如此,不如从现在开始就学会计划自己的生活。何不多一份努力,多一份尝试呢?

7 克服"一次失败就会被淘汰出局"的想法

古罗马的一位将军被埃及人打败了,回到罗马后,皇帝不但没有治罪于他,反而又给他一支军队,让他继续去打仗。当时,朝中的大臣纷纷表示反对,认为不能再次相信他。皇帝问大臣们:"为什么不能相信他?"大臣们答道:"因为他失败过。""这正是我信任他的原因。"皇帝说道。没过多久,前线就有捷报传来。

现在,有很多人都在为自己的失败而苦恼着。其实,失败并不等于一无所获,失败可以让你明白哪些是行不通的。失败的经验越多,懂得失败的原因也就越多。那些屡试屡败之后获得成功的人,不仅学到了行不通的道理,同时还学会了行得通的方法。

所以说,失败未必是一件坏事,它可以转化成一份财富。在同样的问题面前不犯同样的错误,可以让你掌握本领,让你以最快的速度取得更多的成功。有很多古语都包含了这个道理,比如"老马识途"。正因为老马走过很多的路,经过无数的坎坷,才能在每个坎坷之上留下心底的记号,下一次从此经过时,便可以一跃而过,才能识途!正所谓"吃一堑,长一智"。

一家知名的公司正在招聘,应聘者不计其数。经过层层筛选之后,就剩下了5个人。最后一关是通过老板的亲自面试。面试开始了,主考官发现考场上出现了6个人,于是就问道:"有不是来参加面试的人吗?"这时,坐在最后面的一个男子站起身说:"先生,我第一轮就被淘汰了,不过我还是想参加一下面试!"

其他人听后哈哈大笑起来,就连站在门口为人们倒水的那个老头子也忍俊不禁。主考官接着问道:"你连考试第一关都过不了,又有什么必要来参加这次面试呢?"这位男子说:"因为我掌握了别人没有的财富,我自己本人即是一大财富。"大家又一次哈哈大笑，都认为这个人精神有问题。

这个男子接着说："没错，我虽然没有较高的学历和职称，不过我有着10余年的工作经验，曾在多家公司任过职……"主考官没有让他再说下去，马上打断说："虽然你没有较高的学历和职称，不过工作10余年的工作经验倒是很不错的。可你却先后跳槽多家公司，这一点有点让我们无法接受啊！"

男子听后，轻声地说："先生，我没有跳槽，而是那些公司先后倒闭了。"在场的人又一次笑了。其中有一个人对他说："你真是一个地地道道的失败者！"男子听后，笑着说："没错，我是一个喜欢失败的人，因为正是这些失败积累了我自己的财富。"

这时，站在门口的老头子走上前来，要给他倒茶。男子赶忙起身："这10余年经历的12家公司，培养、锻炼了我对人、对事、对未来的敏锐洞察力，举个小例子吧——真正的考官，不是您，而是这位倒茶的老人……"众人一片哗然，那老头也感到有点诧异，不过很快便恢复了平静，随后笑着说："你被录取了！"

很少有人喜欢失败，因为失败大多是一些令人痛苦的滋味，甚至曾让你的人生受到过重创。一生顺利且从未尝过失败滋味的人，肯定是没有的。不管你有多么伟大，多么不同凡响，只要你是一个人，只要你是一步一步地走着你的人生之路，那么你就或多或少地经历过失败，只不过是轻重程度不同罢了。其实，失败也是一份财富。只要你能够认真看待它，它就会为你带来智慧的源泉，成功的机遇。所以，要把失败当成是一份财富，这样它会给你带来意想不到的收益。

有一句话大家一定不会感到陌生，就是"失败乃成功之母"。其实，每一个渴望成功的人都随时做好了迎接失败的准备。每一份成功都是需要付出一定代价的，你若想取得成功就必须付出勇气，这种勇气就是勇于面对失败。要知道，失败是一种非常重要的财富。不论什么样的失败，我们都要鼓起勇气去坦然地面对，只有这样，你才能在跌倒后马上再爬起来。人们时常只注重经验，但是，经验有时也是靠不住的，有很多东西是靠言传身教，世代延续积累起来的。但是这就阻碍了发明与创造，只有失败才能使人疼中思疼，不至于再犯同样的错误，所以

人们常说"失败乃成功之母"。

　　很多人总是喜欢为胜利者唱赞歌,而把失败看作是一种耻辱,或者根本不愿花时间去面对失败。其实,他们丢弃了非常重要的一个创新资源,就是失败带给我们的教训。一定要克服"一次失败就会被淘汰出局"的想法,即使失败也要学会聪明地失败,摒弃那些确实没有任何希望的失败;从失败中得到启示,获得创新契机;对失败进行反思,并改变自己的行为。只有把失败当成是一份财富,才能到达成功的彼岸。

辑4　人生没有绝对的失败

——对输赢,豁达一点又何妨

　　输也好,赢也罢,如果都能保持一份微笑的话,你就能从挫折中获取有益的经验和教训。我们应该学会苦中作乐,在刀丛里寻觅小花。对输赢还是豁达一点吧!

① 越是怕输，反倒会输

相信每个人都有过这样的经历：我们在做一件事情的时候，越是想着把它做好，可结果往往越是做不好，越是想不出差错，却往往越会出差错。反之，许多感觉十分难以完成的任务，心里没有想那么多，以听之任之、顺其自然的心态去做，结果往往做得非常漂亮。

在心理学上有一个著名的论断，就是"瓦伦达心态"，它源自一个真实的事件：

瓦伦达是美国一个十分著名的钢索表演艺术家，在他的演技生涯中，鲜有失误。一次，美国国会晚宴需要请一个人来表演走钢索，此项活动的负责人为保证演出万无一失，就向瓦伦达发出了演出的邀请函。

瓦伦达在接到演出邀请函的时候，心里反复嘀咕着：这次演出到场的全是知名人物，这次一定不能出一点差错，一定要成功，这将是我生平最伟大的一次演出！

为了保证演出的成功，他做足了充分的准备：把每一个动作、每一个细节都想了无数次，不分昼夜的进行练习。

演出的日子终于到了，这天，瓦伦达显得十分自信，没有用保险绳，因为他有100%的把握不会出错。

然而，意外发生了：当他刚刚走到钢索中间，仅仅做了两个难度并不大的动作之后，就从10米高的钢索上摔了下来。

为什么会发生这样的意外？在场的很多人都感到不理解。后来，他的妻子找到了问题的答案——以往他出场前总是想的很少，可这次出场前他不停地对我说："这次实在是太重要了,亲爱的,我绝对不能失败啊!"

按理说,凭瓦伦达的技能和经验,他是不会出现失误的。可由于瓦伦达太想成功,过于患得患失,以至于把他的精力分散了。以往他只是想着走好钢丝,不去管这件事可能带来的一切。从此,心理学家把这种为了达到一种目的总是患得患失的心态命名为"瓦伦达心态"。

一个高尔夫选手投球前一再告诫自己"千万不要把球打到水里",这时,他的大脑里多半会出现 "球掉进水里"的情景,结果可想而知,球大多会掉进水里,这些事情也从另一个角度证明了"瓦伦达心态"。

所以,我们必须要克服"瓦伦达心态"。在做事情的时候,千万不要忧虑得太多。想到做到,立刻行动,这会让事情变得更容易成功。没有了成败的忧虑,人就自然会变得轻松起来,更何况害怕失败本身也是一种失败,因为往往越怕什么就越会出现什么。

《红楼梦》中写道:"世人都晓神仙好,唯有功名忘不了!古今将相在何方?荒冢一堆草没了。"得到得再多,只是一时的风光,到头来结局都一样,什么也不能带走。既然如此,何不以一种闲庭信步的心态来面对生活和人生?

② 学会欣赏沿途的风景

很喜欢一句话:"人生就像一场旅行,不必在乎目的地,在乎的,是沿途的风景,以及看风景时的心情。"人生在世,每个人都有自己的生存状态,每个人都有自己的心路历程,也各有各的价值观念,这些都是不能强求的。在物欲横行的今天,如果一个人注意调适自我,对物欲的追求少一点,对精神的追求多一点,多一份闲云野鹤的生活,少一点尘世的俗累,把人生当做是一场旅行,那么就可以从容地欣赏到沿途的美景了。

其实这个世界是五彩缤纷的,就像美丽的阿尔卑斯山。我们在这个世界上生活就好像在阿尔卑斯山上旅行,有很多人乘汽车匆匆忙忙地过去,没有时间回一回头,或者把脚步放慢些,从而失去了一道道美丽的风景,剩下的只有匆忙和紧张,忙碌和忧愁。

有个拥有亿万资产的企业家,年轻的时候,为了自己的事业日复一日地拼命奔波,就像一匹戴着眼罩拼命往前跑的马,除了终点和白线之外,什么都看不见。

有一位老人看到了他忙碌的样子,上前对他说:"孩子,别跑得太快,否则,你会错过路上的好风景!"

可是年轻人根本听不进去老人的话,心想:一个人,既然知道要怎么走,为什么还要停下来浪费时间呢?然后继续往前跑。

就这样,时间一年年地过去了,他有了地位,也有了名誉和财富,及一个幸福的家庭。可他并没有感到快乐,也不明白不快乐的原因在哪里。

有一次,他去参加一个谈判,是一个大项目,能给他带来数千万的收益。这一次的谈判很顺利,结束的时候,他的手机里出现了一条短信,是妻子发来的:第二个孩子出生了。

那一刻他觉得非常难过,每一个孩子的出生他都不在家,妻子独自承担养育孩子的辛苦。他从来没看过孩子们走第一步、天真地哭笑的样子。

这时,他想起了老人说的话,突然明白了:人生不是赛跑,有人走快了几步,有人走慢了几步,是再正常不过的。但是不能因为忙碌而错过了眼前的美好。

不要为了让自己赶在前头而去拼命,甚至不顾一切,要把人生当做一次旅行。因为,每一步都有值得驻足欣赏的风景。也不要让你的生活过得太匆忙,以至于忘记自己到过哪里,去往何方。珍惜眼前的一切,开开心心地过好每一天。让自己多点开心,也不枉来人世间走一圈。

没错,人生就是一次旅行,重要的不是结果,而是沿途的风景及看风景时的心情。佛家说:人生就是苦,因此这是一条苦难的河。儒家说:人生一世,惟建功立业,光宗耀祖,因此这是一条淘金的河。道家说:人生如梦无有无不有,无为无不为,因此这是一条睡眠之河。

如果你打算孝顺父母,现在就开始行动。常听人说,等有了钱要给父母买这个买那个,如何如何,言辞恳切,十分动人。可古语说:"子欲养而亲不待。"等你有了钱的时候,父母也许不一定能够享用。李白讲做人需及时行乐,其实孝敬老人也需要及时而行,不要等,不可等。如果孝敬父母只知道一味等有了条件以后开始,那么一切都晚了。

如果你想外出旅游,今天就拟定线路,明天就出发,不必等到自己很富足,或者退休,或者没有工作压力的时候,尽管背上行囊,享受大自然赐予的美妙感受吧。

如果你的妻子想要红玫瑰,现在就买来送她,不要等到下次。真诚、坦率地告诉她:"我爱你!""你太好了!"这样的爱语永不嫌多。如果说不出口,就写张纸条压在餐桌上:"你真棒!"或是:"我的生命因你而精彩。"不要吝于表达,好好把握现在。

这个世界上有太多的东西值得我们去珍惜,时间、财富、健康……要懂得珍惜我们生命中出现的一切。很喜欢《天路》这首歌的歌词,我一直幻想着可以走进那个离天堂最近的地方。

一个季节的交替,一个轮回的往来,在我们看来也许没有太多的影响,但是仔细想来,人生能有多少个春秋轮回。

既然有机会来到这多彩多姿的世界里,那么就应该像旅行家那样,不仅要跋山涉水,走完我们的旅程,还要懂得欣赏、流连。人生就是一场旅行,想走的时候就走,想停的时候就停,随心所欲地去发现乐趣和值得珍惜的东西吧!

③ 平和的心态,造就你的成功

生活中经常会有很多意外发生,每一份意外都会打破我们的平静。可它总在不缓不慢地向前行进,不会因为我们心中泛起的涟漪或者起伏的波涛,改变自己的行程。我们都是凡人,能让我们平静下来的只有自己。也许要做到泰山崩于前而面不改色,确实非常苦难,不过我们可以在变色之后变得坦然,坦然面对生活中的那些意外,无论是幸的还是不幸的。

面对人生的挫折,最好的办法便是以平和之心对待。一个人能在年轻时经历不幸是一件非常庆幸的事情。只有经历过不幸的人,才能真正明白什么是生活、什么是爱、什么是平静。灾难总会过去,风雨过后一定是艳阳和彩虹。保持一颗平和的心,你才能看到那金色的果实。

曾经有一个商人由于经营不善而欠下了一大笔债务,在债主频频催讨下,他的精神几乎已经崩溃了,因此萌生了结束生命的念头。

有一天,苦闷至极的他打算在仅有的时间里享受最后的恬静生活。于是独自来到亲戚的农庄拜访。当时,正值八月瓜熟时节,田里飘出的阵阵瓜香。亲戚见他到来,便热情地摘了几个瓜,请他品尝。

他接过瓜,由于心情比较低落,胃口也不是很好,就吃了几口。不过,他还是被瓜的味道征服了,随之对瓜赞美了一番。那位亲戚听后,感到非常高兴,于是就把自己和瓜的故事说了出来:"四月播种,五月锄草,六月除虫,七月守护……有一年,就在收获前,一场冰雹来袭,打碎了他的丰收梦;还有一年,金黄色花朵开得正茂盛时,一场洪水让这一切都泡汤了……"

商人听后,联想到自己,不免"唉"了一声。

亲戚又接着说:"其实,人和老天爷打交道难免要吃些苦头或受些气,但是,只要你能低下头,咬紧牙,挺一挺也就过去了。因为,最后瓜果收获时,仍然全部都是我们的。"

商人仿佛若有所悟,眉头舒展起来了。

亲戚放下手里的活,招呼商人到瓜棚里去坐,路上看到了一条绕树身的藤蔓,然后指着它说:"你看,这藤蔓虽然活得轻松,但是它却是一辈子都无法抬头!只要风一吹,它就弯了,因为它不愿靠自己的力量活下去。"

这番话让商人彻底地醒悟过来了。五年后,他在城市里重新崛起,并且成了一个现代化企业的老板。

商人在面对挫折的时候,差一点就和那条藤蔓一样被风给吹软了,正是他找到了那颗平和的心,才得以东山再起。由此可见,平和的心并不是自甘平庸缺乏进取,而是以一种平静的心态耕耘在自己人生的土地上,不人浮于事,不随波逐流,踏踏实实履行自己生命的职责。

成功不值得骄傲,那不过是人生的一个小站;失败用不着悔恨,那不过是一不小心走错的一段路,纠正方向从头再来;失意不要沮丧,一年四季里,肯定有风雨交加的时候。要明白,只有狂风暴雨才能洗净空气中的尘埃,当空气中的尘埃被洗涤殆尽时,也是空气最清新、阳光最明媚的时候。

有这样一个故事:

快要下班的时候,天空下起了雨。雨下得不是很大,路上的行人都在匆忙地往前跑着,其中只有一个人不急不慢地在雨中踱着步。

对此,旁边跑过的人有点不解,在一旁喊道:"下雨了,你怎么还不快跑?"

此人不慌不忙地答道:"急什么,前面不也在下雨吗?"

也许有人会觉得上面故事中那个淋雨的人很可笑。可假如换个角度来看,当人们在面临风雨匆忙奔跑的时候,那个人能够淡然安定地欣赏雨景,这也是一种平和的心境。无论在自己的身边有多少愁事、痛苦的事情,都要始终保持着这份从容淡定的平和心境。

所以,我们要以一颗平和的心去面对挫折,面对困难,面对失意,也要以平和心面对成功,面对顺境,面对得意。有时荣华富贵,有时举步维艰;有时一切顺利,有时却处处碰壁,可是不管怎样,我们都该保持一颗平和的心,淡然地面对着这一切。唯有如此,才能够在处境突变时不会有失落和痛苦,才能笑对人生的起起落落。

不管自己的人生处于怎样的状态,都要始终以一颗平和心走好自己的人生路。

④ 笑对人生的输赢得失

人生的输赢,不是一时的荣辱所能决定的。今天赢了,不等于永远赢了;今天输了,只是暂时还没赢。无论输赢,只要抱着积极的心态,有一颗淡泊名利得失、笑看输赢成败的心,才会有勇气迎战突如其来的挫折,不被困苦击垮。

输也好,赢也罢,如果都能保持一份微笑的话,你就能从挫折中获取有益的经验和教训,继续走上成功的道路。我们应该学会苦中作乐,不然就会被累垮。即使无法做到天天快乐开心,但也不要放过每一个能给你带来轻松心情的机会。

有两个身患重病的人,同住在一家大医院的病房里。房间只有一扇窗子可以看见外面的世界。其中一个病人的床靠着窗,他每天下午可以在床上坐一个小时。另外一个人则要始终都得躺在床上。

靠窗的病人每次坐起来的时候,都会描绘窗外的景致给另一个人听:公园里面有一个湖,湖内有荷花和天鹅,孩子们在那儿撒面包片,放模型船,年轻的恋人在树下携手漫步,在鲜花盛开、绿草如茵的地方人们玩球嬉戏,后面有一排树,树顶上则是蔚蓝的天空。

另一个人在一旁倾听着,享受着每一分钟,同时也想亲眼看看这一切。于是他想换位子。经过好几次的商量,靠窗的那个人无论如何都不同意。为此,他有点恨讲述的那个人了。

一天晚上,他盯着天花板想着自己的心事,靠窗那人忽然惊醒了,拼命地咳嗽,一直想用手按铃叫护士进来,却已经没了力气。但他只是旁观而没有帮忙——他感到同伴的呼吸渐渐停止了。第二天早上,护士来时那人已经死了,尸体被静静地抬走了。

过了一段时间,这个人开口问,他是否能换到靠窗户的那张床上。他们搬动他,将他换到了那张床上,他感觉很满意。人们走后,他用肘撑起自己,吃力地往窗外望……窗外只有一堵空白的墙。

几天之后,他就在自责和忧郁中死去了。

如果那个人心中不起恶念,帮忙按铃叫护士,他还可以继续听到美妙的窗外故事。可是现在一切都晚了,现在他只能看到自己丑恶的心灵,还有窗外一无所有的白墙。法国作家雨果说:"笑,就是阳光,它能消除人们脸上的气色。"生活就像一面镜子,你给它以笑容,它也同样报你以微笑。

得到与失去对于生命而言都是正常的,如果你紧紧抓住失去的不放,得到就永远也不会到来。放下失败,抓住成功,就可以让生命重放光彩。任何人都有忧伤痛苦的时候,只是表现出来的方式有的是消极悲观,有的是积极向上罢了。如果选择了冷漠待人,便会觉得生活像是栅栏;选择了热情待人,便会觉得生活像是喷泉。

小说《命运》中的主人公翠花的一生都充满了不幸,可她却并没有因此而倒下,因为她的心总浸泡在希望的蜜汁中。十九岁那年,她嫁给了邻村跑生意的强生,可结婚不到半年,跑到邻省进货的强生便如同泥牛入海,再也没有了音信。那时,她已经有孕在身。

丈夫失踪几年以后,亲戚们都劝她改嫁,家里没有了男人,孩子又小,这日子可怎么过呀?她没有改嫁,她是这样想的:丈夫生死不明,也许在很远的地方做了大生意,说不定哪一天发了大财就回来了。

儿子在她的精心照顾下,健康地成长,家在她勤劳的双手支撑下,虽艰辛但不乏笑声。日子就这样一天天地过去了,转眼间,儿子已经十八岁了,一支部队从村里经过,她的儿子去参军了。儿子说,他要到外面去寻找父亲。

然而,儿子走后又是音信全无。有人告诉她说儿子死在战场了。她不信,一个大活人怎么能说死就死呢?她甚至想,儿子不但没有死,而且当了大官,等打完仗,天下太平了,就会回来看她。她还想,也许儿子已经娶了媳妇,给她生了孙子,回来的时候是一大家子人了。

虽然儿子依然杳无音信,但这个想象给了她无穷的希望。她比以前更勤劳,对生活更有劲头,在下田种地之余,还做绣花线的小生意,不停地奔走四乡,积累钱财。她告诉人们,她要挣些钱盖一院新房子,等丈夫和儿子回来的时候住。

有一年她得了一场大病,大夫说她没有多大生存的希望了,但她最后竟奇迹般活了过来。她说,她还不能就这样死了,儿子还没有回来呢!翠花一直健康地生活着,她不时念叨着,她的儿子生了孙子,她的孙子也该生孩子了。而想着这一切的时候,她那布满皱褶的核桃壳样的脸上,总会变成绣花一样绚烂多彩的花朵。翠花最终活了一百零二岁,她是村上最不幸的女人,但却是最长寿的一位。

也许翠花的一生,我们没有办法是用语言来评述,不过,一直处于不幸遭遇中的她,却用别人无法想象的"快乐思维",使自己不但顽强地生存了下来,而且到了百岁的时候还笑得那样灿烂,那样美丽。可以说,这全都是遇事总往好处想的结果。

人生就是一场游戏,有时你会赢,有时则会输;人生也像一场旅行,沿途中有数不尽的坎坷泥泞,但也有看不完的春花秋月。如果我们的一颗心总是被灰暗的风尘所覆盖,干涸了心泉、暗淡了目光、失去了生机、丧失了斗志,我们的人生轨迹岂能美好?而如果我们给自己一面心灵的旗帜,保持一种健康向上的心态,即使我们身处逆境,四面楚歌,也一定能看到未来的美好的风景。

⑤　只有输得起，才能赢得最后的胜利

在漫长的人生路上，我们会遇到各种风险与挑战，不过，历来风险与机遇都是并存的，所以在风险之中又隐藏着机遇。人生道路上的跋涉是艰难的，其间有失败，也有成功。在没有走到生命尽头的时候，谁也无法说清到底是成功了，还是失败了。一时的失败，并不意味着永远的失败，一时的成功，也并不意味着永远的胜利。

我们要在生命的任何时候都不能泄气，都要充满希望，因为真正的胜利往往属于那些输得起的人。用美国股票大王贺希哈的话说："不要问我能赢多少，而应问我能输得起多少。"只有输得起的人，才能赢得最后的胜利。

贺希哈在 17 岁的时候，就开始了自己的创业之路。那时候，他全部的家底才只有 255 美元。正是凭着这 255 美元，他赚到了人生中的第一桶金：在股票的场外市场做一名掮客，赚取了 168000 美元。

然而，他被胜利冲昏了头脑，买下了大量因战争结束而暴跌的股票，转眼又赔得只剩下 4000 美元。他没有被困难所吓倒，心想：现在总比初涉股市时的本钱要多，一定要再干下去。

1924 年，贺希哈经过分析发现，未列入证券交易所买卖的某些股票实际上是有利可图的。这些股票利润虽然不算太大，但风险极小，他就把精力放在了这些股票上。不到一年的时间，他就开设了自己的证券公司——贺希哈证券公司。

到 1928 年，他就已经成为了大经纪人，每月收益达 28 万美元，这一年他仅 28 岁。在当时的金融界内，一个初出茅庐的小伙子能拥有这样的成就，确实不多见。

没过多久，经济危机迅速席卷了美国，这对金融市场的打击是空前的。今后该何去何从？贺希哈选择了矿产丰富的加拿大。1933 年，他在多伦多开设了证券公司,并成为当地首屈一指的大经纪商。4月,他与加拿大拉班兄弟联袂开设戈纳尔黄金公司,以每股20美分的廉价取得该公司59.8万股的上市股票。

在他们的参与下,股价扶摇直上,3个月后涨至25美元。他见股价涨得过热,料定会出现大的滑坡,因此他又悄悄地卖出。果然不出所料,一个月后股价大跌,为此他又因先见之明而赚了130万美元。

除此之外,房地产生意也做得很红火。他的事业蒸蒸日上,取得了辉煌的成就。

凭着对股票生意的天赋,凭着对股票事业的执著,更凭着他的智慧和胆量,他实现了自己的愿望,成为大富翁。

从衣衫褴褛的乞丐成为大富翁,正是因为贺希哈懂得只有输得起,才赢得彻底的道理。有的人认为认输很难做到,其实,认输之所以难做到,是因为它看起来就是承认失败。在我们所受到的教育里,强者是不认输的。所以我们常被一些高昂而英雄的光彩词语所激励,以不屈不挠、坚定不移的精神和意志坚持到底,永不言悔。

淘到人生第一桶金的时候,也是你第一次得到教训的时候。我们都知道,创业难,守业更难。在多元化的社会竞争中,我们不但面临着许多商机,也随时面临着倒闭。谁也不能预测出后面的路是否一直都是那么平坦,不过我们可以给自己的人生创造更宽的路面。

机会抓住后,风险也是时时存在的,所以我们要时时刻刻谨慎小心,从游到河中间的那一刻开始随时准备好应付突如其来的状况,并一一地加以克服。这时,我们若能从经验中学习控制身体的技巧,就能避开一些障碍。

习惯了潮流的冲击与推送之后,慢慢地,我们便能睁开眼睛注意掌握身旁其他有利的机会,正确判断自己行进的方向。害怕失败或仅经历一次失败便畏缩不前的人,是看不到隐于失败背后的光明的。

不敢置身于危险中的人是绝对无法获得成功的。既然成功与失败的概率都相同,失败以后又可以卷土重来,那我们为何不搏一搏?人需要这种"置之死地而后生"的意志和勇气。同时,奋斗的内涵不仅仅是英雄不言败、不屈不挠和坚定不移,还包括修正目标和调整方位。一条道走到黑的并不是英雄,死不认输只会把自己给毁掉。

有这样一句话:"成功不是终点,失败也不是终结。"我们要把它牢牢地记在心中,然后像贺希哈那样,把输赢看得淡些,正确地看待输赢,重要的是要实实在在地走好每一步,正确判断自己前进的方向。那些害怕失败或仅经历过一次失败便畏缩不前的人,是无论如何也不能赢得最后的胜利。

6　时刻超越,自己是最大的对手

在一所学校的运动会上,随着一声枪响,选手们都奋不顾身地向终点冲去。100米决赛历来都是运动会上最精彩的比赛,比赛的结果也都是人们所关注的焦点。不出所料,今年又是王晓明拿了第一名。可是在王晓明的脸上,却看不出丝毫的高兴。这时,他的好朋友走过来问他:"你怎么了,拿了第一,怎么一点也不高兴啊?"

王晓明说:"没错,这次比赛我是拿了第一名,可成绩和自己平时训练相比,还差得远着呢!"

这次比赛,王晓明确实取得了第一名,不过这只能说明他超过了别人,并没有超过自己。由此可见,获胜者不一定是赢家,有时他们只是超越了别人,不一定超越了自己,而真正的赢家是超越了自己的人!

可真正能超越自己的人是少之又少的,大多数人都无法冲破"自我设限"的樊篱。只有超越自己,才可以俯瞰世界。

田阳在刚刚去美国的时候,全身上下只有50美元,他要解决的第一个问题就是生计问题。于是他找了一份搬运工的工作,这份工作是非常辛苦和劳累的。

一天,大家都休息了,田阳却被老板叫到仓库里把粘在老鼠胶上的死老鼠抠下来。田阳心里很不平衡,但他却没有理由不去做。当捏着一只只软绵绵的死老鼠时,他心里很不是滋味。心想:"为什么别人可以休息,却让我来做这个?自己千辛万苦跑到美国,难道就是为了干这样的活?"他在心底暗暗发誓:我一定要在美国弄出点名堂来,否则决不回国。

转眼半年过去了,当地一位著名的教授要招一名助教。这则招聘广告引起了田阳的注意,他想:这是一个难得的机会,收入丰厚,又不影响学习,还能接触到最先进的科技资讯。于是立刻报了名。

经过初步筛选,取得报考资格的各国学者有 30 多人,成功的希望不大。考试前几天,几位中国留学生几经周折,他们得知主持这次考试的教授曾在朝鲜战场上做过中国人民志愿军的俘虏!

中国留学生们想中国人肯定没戏,他们纷纷宣告退出。田阳的一位好友也劝他不要浪费时间自讨没趣,还不如多洗几个盘子挣点儿学费呢!但田阳想:自己连死老鼠都抠过,还怕这个做过中国人民志愿军俘虏的考官?

田阳如期参加了考试。他的自信使他很放得开,在考试中表现极佳。最后顺利地成了一名助教。第一天去上班的时候,教授微笑着说:"你知道你为什么被录用吗?"

田阳笑着摇了摇头:"不知道。"

教授解释道:"在所有的应聘者中,你虽然不是最优秀的,但你的自信是他们任何一个人都无法超越的。我需要的是一个很好的助教,我很欣赏你的勇气,这就是我让你来上班的原因!"

从一位为了生计而疲于奔命的搬运工到助教,田阳这一路走来,正是凭着他那份"永不满足"的精神,督促着自己不停地前进,一步步超越自我,才获得了这样一个不错的机会。田阳之所以能被录取,正是他具备了别人所缺乏的自信。

马尔顿说过:"坚决的信心,能使平凡的人们作出惊人的事业。"可见自信是成功的源泉,在做任何事情时,如果我们能充分肯定自我,就等于已经成功了一半。只有有了自信,才能超越自我。一个人如果没有自信,连上天都不会帮他的。

　　在当今这个充满竞争的社会,不进则退尤为明显。面对生活,有的人因为曾有过失败,便不敢主动去接触机会;有的人因为平凡,便以为无能而不想去接触机会;有的人则因为已经取得成绩,怕弄不好有损自己的荣誉而不愿去接触。我们只有勇于尝试,不断地积累经验,才会收获到一份成功的信心。

　　在我们的人生道路上请记住这句话"获胜者不一定是赢家,真正的赢家是不停地超越自我的人"。让我们努力地超越自己,然后做一个真正的赢家吧!

辑5　背负不动不如放下

——对过往，善忘一点又何妨

人生苦短，顶多也就那么几十个春秋，对过往的对错没必要耿耿于怀。只有学会忘却，懂得放下，人生才能活出快乐和洒脱。对过往不妨糊涂些，善忘一点。

① 学会忘却，才会活得轻松

传说有一条河，名叫忘川河；河边有座楼台，名叫望乡台；望乡台里有位老妇人，名叫孟婆。每个人死后的灵魂都会经过这座楼台，经过时则必须喝下孟婆手里能忘却一切的孟婆汤。

人生在世，几十春秋，只有学会忘却，生命才能快乐洒脱。孟婆汤正是让重生的生命忘掉前世，轻松向前！人的一生，在快乐与欢笑的同时，常会伴随忧虑与烦恼。如果一个人整天沉浸在懊恼与悔恨中，把消极、悲观的事情记存在头脑，那他怎会把事情做好，怎会对现实感到快乐？所以，我们应及时把人生中的负面信息清理，把不该保留的坚决予以抛弃。

现实生活中，我们常常会遇到各种悲痛。怎样消散这些痛苦？这就需要我们学会忘记。把不愉快的事情抛诸脑后，让头脑时刻保持清醒，选择快乐，选择轻松。

有这样一则故事：

一位年轻漂亮的女孩投河自尽，恰巧被打鱼的老艄公发现，老艄公把她救上船。问："你年纪轻轻，干吗要寻短见？"

这位漂亮的女孩失声哭诉说："我男朋友抛弃我，找了别的女人，我是那么爱他，可他却说不爱我了。你说，我活着还有什么意思？"

老艄公又问："以前你没有这个男朋友时，生活得怎么样？"

女孩回答："没遇见他时，我生活得无拘无束，自由自在。"

"那时，你有男朋友吗？"老艄公又问。

"没有。"

"你现在只是被命运之船送回了认识你男友前，你瞧，你现在又可以自由自在、无忧无虑了。"老艄公呵呵一笑。

女孩一听,犹如醍醐灌顶,心里顿时明亮,谢过老艄公,挥了挥手,轻松上岸。

欢乐常在的意义就在于善于忘却。然而,现实中很多人却不懂得这个道理,尤其是像下面这样的人不在少数:把鸡毛蒜皮、是是非非记得一清二楚,对任何事都斤斤计较、耿耿于怀,结果非但解决不了问题,反而整日郁郁寡欢,反复念叨令周围人心生厌恶。

只有懂得卸下包袱,才能轻装前行,才能从容面对一切。故事中这位漂亮的女孩就是因为不懂得如何放下,才导致内心郁积,走上投河之路。

有一个人这样说:"我只记住别人对我的好,从不记别人对我的坏。"这个人因而交友广泛,深受大家欢迎。

人的一生就像是一次长途跋涉,沿途会看到各种各样风景,历经许许多多坎坷,如果把一切都牢记于心,那么思想就会增加多种负担。我们应学会忘记一些不必要的事情,让身心轻松上路。

印度诗人泰戈尔说过这样的一句话:"如果你为失去的太阳哭泣,那么你也将失去星星。"人生不如意常八九,要想让自己快乐,就必须学会忘记。人生需要拿得起,更需要放得下。正如俗话所说:生气是拿别人的错来惩罚自己。总是不忘别人的坏处,受伤的终归是自己,只有既往不咎,学会忘记,才能快乐轻松。

学会忘却烦恼,甩掉包袱,自己才能大步往前进。忘记某些人某些事,记住某些事某些人,忘记该忘记的,记住该记住的,心无挂碍,洒脱人生,让生活充满美好。

其实作为人,我们可以做得很好,不让仇恨与自己相伴,选择忘记,选择轻松。其实,人生本该如此。面对失意时的尴尬与窘迫,我们不妨暂时忘却,让自己能以更加自如的心态来面对当前。

在人生的旅途中,如果把成败得失、伤痛烦恼深刻于心,时时让自己背负无形枷锁,整天精神恍惚、心力交瘁,这样的生活,怎会让人感到快乐?我们应该学会忘记,适当调节自己,把不该记忆的事如流水般忘掉,让自己拥有一副愉悦的身心。

忘却一切忧愁,忘却一切憎恨,忘却一切的不愉快和记忆里想忘却的东西,这样我们才能够真正快乐。

② 得不到的就要放下

人生是一个不断追求,不断放下的过程。得不到的东西,一再追求,除了累己,也会累人。

圣人有语:"如何向上,唯有放下。"人生亦是如此,想要活得轻松,就必须学会放下,学会坦然面对世事。

正所谓"提起千斤重,放下二两轻"。放下,是一种解脱、是一种顿悟,是一种从容潇洒的心态;放下,有时还是一种气度,是一种风范,是一种从容不迫的智慧。一个人,只有学会放下,心灵才能得到轻松,得到快乐,才会有更多的空间来装填其他必要的东西。

所以,试着去做一个放得下的人吧,正如下面这个故事中的年轻人:

静和峰是通过朋友介绍认识的。静第一眼看到高大帅气的峰时,心就如小鹿般蹦跳不止,红霞覆满脸颊。静知道,自己是喜欢上了峰。那晚,静第一次失眠。

后来,他们成为了情侣。刚开始,峰对静还是百般爱惜、疼护。可时间一长,静发现峰对自己越来越冷淡,如果自己不主动找他,那么他就会很少主动见自己。

一次,静终于知晓了为什么峰总是不找自己的原因。这一天,静来到峰的住处,无意中看到峰藏于抽屉中相册,相片上那个笑颜如花的女孩与自己是那么相像。

原来,峰一直把静当做是相片中这个女孩,峰爱的不是静,是这个女孩,静只是她的替身。静一时不知如何是好,拿着相片,坐在沙发上心痛如绞。

这时,峰走了过来,看到静手中的相片,顿时明白了一切。静问他:你还爱这个女孩吗？

峰点了点头，随即又说，她回来了。静没有哭闹，站起身，把相片塞到峰的手里，说了句，那你好好爱她吧！当天晚上，静去了酒吧疯狂了一夜。第二天，静细细打扮好自己，面带笑容走出了家门，丝毫没有失恋的模样。

闺蜜问她："你不是失恋了吗，神情怎么一点不像？"静笑着回答："痛苦只能伤己，与其伤心还不如笑对生活。得不到的不必强求，该放下时就应放下。不必为不是自己的东西伤心啊。"

一个人，一辈子不可能只爱一个人。也许，现在的失恋让你很痛苦，等你爱上下一个优秀的他（她）时，回头再看，你会发现当初真的好傻好天真。得不到，就放下，心痛是短暂的，而幸福，则是你一辈子要追求的目标。

不属于你的爱情，即使你牢牢抓住它，它也会渐行渐远。有些爱情，来得快去得也快，好似春天里的一阵暖风，拂过面颊时，会让你心生涟漪，随后它又翩跹离去，悄无声息。所以，与其顾影自怜，活在回忆里让自己痛苦，倒不如索性松开手随它而去。这世间，没有谁离不开谁。放下，也许更有机会。

有位记者的女友要和他分手，他跑到女友家苦苦哀求女友回头，甚至还差点下跪，希望女孩看在他爱她那么深的情分上，不要分手。可女友丝毫不为所动，不顾多年感情，执意选择离开。

记者问她："为什么如此坚决？"

女友回答："你太在意得失了，跟你在一起，太累。"接着又劝告记者，"得不到就应放下，转身的刹那，也许会有更好的在等待。"

这位记者没有听进女孩劝言，大嚷大喊说女孩朝秦暮楚、见异思迁。女孩最终冷笑离去。而这位记者则如斗败公鸡，失去了蓬勃朝气，整日病恹恹的。终于，他因为工作频出错误，被单位辞退。

放下有时的确很难，可一时的损失或心痛换来的却会是一片海阔天空。许多事情，总会在经历过后才会明白。就如感情，痛过了，才会懂得如何保护自己。在失去的过程中，慢慢认识自己，懂得适时地坚持与放弃，学会放下，让生活轻松自由。

　　某家集团的华东地区总监职位进行公开招聘，一位年过半百的部门经理参与了这场残酷的竞争。同事们都打趣他，说他这是在自讨没趣。而他却笑着说，竞争还有机会，纵然最后失败放下就是，又不会耽误什么。

　　面试时，他当着数十位考官，上百名听众，放下一切，以乐观、轻松、积极的态度舌辩群雄，他的精妙语言，机智幽默赢得了场上阵阵掌声。

　　不过，最后，他还是因年龄较大失利。同事们见他竞争失败，却还喜笑颜开、毫无恼怒之情，便不解地问他："别人失败了，都是垂头丧气、萎靡不振，你为何跟无事一般？"这位经理"哈哈"一笑："是你的，终究是你的；不是你的，再叹也无用。失败就是失败，得不到就是得不到，难道我整天以泪洗面，就能当上总监了？"

　　不错，放下是一种幸福，是一种境界。风起时，笑看落花；风停时，淡看天际。学会在得不到时放下，也许更多的机会就在你放下的那一刻追上你。就像那位落选的经理，最终被其他企业聘请做了高管。他面对得不到的东西选择放下，没有苦苦哀怨，最终得了另一份让人称羡的工作。

　　所以说，放下的过程，其实也是得到的过程。懂得放下，生命才会更加完美，不以得为喜，不以失为忧。

　　什么应该放弃？放弃失恋带来的痛楚，放弃屈辱留下的仇恨，放弃心中所有难言的负荷；放弃浪费精力的争吵，放弃没完没了的解释；放弃对权力的角逐，放弃对财富的贪欲，放弃对名利的争夺……一切源于自私的欲望，一切恶意的念头，一切固执的观念都应该放弃。放下，意味着接受现实；放下，意味着不再缅怀过去的悲痛。学会满足，学会宽容，学会快乐，学会释放，这才是做人的大智慧！

　　人生就如一杯清茶，唯有放下才能品出清甜和香醇。学着顺其自然，让自己回归平静，从而扫清心灵的灰尘。

3 错过的不一定是最好的

梦醒时,我们总是遗憾没能把梦储存,但是当再次入梦时,我们会发现错过的也并非完美。

有位心理学家这样说:越是难以得到的东西,在人们心目中的地位也就越高;价值越大,对人们越有吸引力。轻易得到的东西或者已经得到的东西,其价值往往会被人们忽视。

其实,人本身就是一个有太多欲望的动物,从欲望的产生到最后不论其是否得以圆满,过程中难免有所缺憾和不如意。结果已然,再过于纠结、耿耿于怀,只能使自己心生沮丧,痛苦不堪。

既然已经错过了,就不要再悲痛,不要再黯然神伤、浑噩一生。

一天,她和他坐列车一起外出旅游,路上他们为一件事争吵不休。她一任性,半路从车上下来。就这样,她失去了他。之后,她多次再坐那辆列车,但终究是人去楼空,徒留伤感。她很后悔,可木已成舟,每日她只能在懊恨中郁郁度过。

时光如白驹过隙,转眼又是几年过去,她又遇到了另外一个人。这个人和以前的他一样,出差归来,都不会忘记给她带些小礼物;有时还像以前的他一样,站在门边,却说人在千里之外。

他那么像以前的他,可是她的心里始终没有从前的那种幸福和甜蜜,有时还会莫名朝他发火。不过,他仍是一如既往地关心她,爱护她。她有时生气任性,跟他闹别扭,让他不要再跟着她。他却从未生过气,始终迁就着她,默默跟随着她。

他对她说过:他这一生愿意做她一辈子的雨伞,永远保护她,为她遮风挡雨。她被他的话深深感动了。有一次,他们坐列车去异地游玩,她一时冲动还如前次一样，中途下车。她始终忘不了那份错过的感情。

正当她在熙攘的车站不知所措之时，她的手机响起，他急切地问："你在哪？"

她说："我在××站下了车。"

他听后，语气变得更加焦躁，大声说："在站台待好，我回去找你。"

她听话地站在站台，心里暗自恼恨自己的任性。终于，他过来了。她看着满脸沁出汗水的他，流着泪朝他扑了过去。那一刻，她明白了，自己已经深深地爱上了他，他就是那个会陪着自己走完下半生的人。

错过的爱就如流逝的水一样不会再回，与其不断地寻找，挽回那个错过的爱，为什么不珍惜眼前这个爱你的人，也许眼前的这个人才是你的真爱。

很多人都曾拥有过一份真挚的爱情，但却不懂得好好地珍惜。很多人当初爱得那样情深意切，爱得那样难舍难分，最后却都随意放手，终生成恨。其实，错过就是错过了。错过一棵树，后面说不定还有一片森林；错过了一池水塘，后面许是整片湖泊。

毕竟追求的善不一定是善，追求的真不一定是真，追求的美不一定是美。对于大多数人来说，生活并不如想象中的美好，但是，我们依然要坚信柳暗后面就是花明。

一个人上班，还未到车站便发现前方要坐的公交车已经驶近站牌。他便急急地跑过去，可就在他即将跑到公交车边时，满载人群的公交车却"轰"的一声，发动离去。

等会公司还要开会，迟到可不好，就差几秒呀！他看着远去的公交车，一边惋惜，一边抱怨自己为何不早点起床。

就在他埋怨、跺脚、望车兴叹时，一回头，却发现同一路的另一辆公交车正稳稳地停在他的身后。

他窃喜般上了车，发现，这辆车坐的人是那么的少，自己经常坐的位置还空着，就像专门为他留的一样。

他回想着刚刚那辆塞满人的公交车，心中暗自，为自己的错过感到庆幸。

人生也是这样,许多人都愿意相信错过的就是最好的。当我们错过一些事情的时候,常常会为了错过的事情而念念不忘。其实,这只是因为我们没有得到,所以我们才对它有着向往,才会幻想其美好。事实上,错过的不一定最好。

婷和辉从小青梅竹马,两小无猜,后来辉爱上了别的女人,两人最终没有走到一起。事情过去多年,婷却一直放不下这段感情,还深爱着辉。明知永无可能,但辉在婷心中的地位始终无人可替。婷为此也十分苦恼,不知自己哪根弦搭错了,就认准了辉。

毕业后,婷参加工作,进入了令人称羡的单位。先后也交往了几任男友,不过,他们终无法替代辉在婷心中的位置。

又过了一年,辉忽然再度闯进婷的生活,辉也来到了婷所在的单位工作。婷不愿再失去这份爱,便努力追求着辉。

终于,辉因年龄渐长和单身寂寞,选择了和婷牵手婚姻。婚后的生活,并不如婷想象得那样幸福,辉在婚后暴露出了诸多让婷难以忍受的问题。为此,婷很苦恼,常常想,是不是当初的选择有错。她拿那几任男友和辉作了对比,发现辉很多方面与他们差好多。

现在,婷后悔了,一直以为错过的辉是最好的,没想到最终等来却是这般状况。

有些爱,错过了就不再重来;有些缘,错过了就再也等不到。也许,人生就是这样,有些人有些事,注定要错过,错过就让它错过吧。不必惋惜,不必留恋,或许它是美的,但它不一定是最适合的。就如故事中的婷一样,苦苦追寻最终得到的,却让她悔不当初。

真正的刻骨铭心并不一定是甜蜜幸福,也有伤痛和悲哀。越是回忆,就越是难以忘记。走过那段让自己心痛的岁月,在人生的下个路口,当你以另一个视角重新阅读身边人和事时,你会发现,原来被你忽略的星星其实一直都在你的左右。

相信一句话:谁都不是谁的。错过了就放开它,相信某天在蓦然回首时,会有更好的正在等待着自己。

④ 明天,充满机遇

今天的失望,没必要留到明天。生活充满变数,没有人可以预测明日。既然无法预知,那么何不选择展望。

时光不可能倒流,历史的车轮滚滚向前,生活在当下的人,应着眼未来,过去的就让它过去,相信明天,坚定信念。我们不能因过去的错误而使今天沉郁;也不能因过去的失去而使当前茫然;更不能因过去的穷困而使现在自卑。

时空如是,历史如是,人生如是,爱情亦如是。

曾经,明子为了等在读研究生的女朋友毕业,毅然辞去辛辛苦苦在北京找到的心仪工作。返回女友读书的小城,随便找了份不喜欢又没前途的工作,想等女友毕业后一起再回北京打拼。

后来,明子孤独地再次出现在北京,那时的他已经伤痕累累。朋友见他孑然一人、狼狈不堪,大致也明白了他的际遇。再听完明子的讲述,朋友也不知该如何劝慰,只说了句:"决定了就不要回头,也不要再后悔!"

明子冷笑一声:"后悔?我现在只后悔当初选择傻傻地等待!"

原来,在明子等待女友毕业的过程中,毕业在即的女友却嫌明子无能,遂放弃最初对他的承诺。面对明子苦苦的哀求挽留,女友留给他的只有冷漠、嘲讽和一个决绝的转身。

明子对朋友说:"我现在真的很悲哀,不想再浪费已不多的青春。"

朋友能够体会明子的心情,可是能够劝导他的,只有那么一句:"莫回头,相信明天,明天会更好。"

之后,明子化悲痛为力量,在北京重又找了份还不错的工作,更加卖力辛勤地干活。他一直记住朋友的那句话——相信明天会更好。

现在的明子已是公司部门经理,全权负责所在部门的一切项目。现在的明子一改曾经的萎靡不振,变成了一个精神焕发、充满自信、乐观的有志青年。

在做一个决定之前,可以三思,一旦决定了,就该义无反顾,决然而去,就如明知身后的瓷瓶已碎,就不要再回头去观看,回头无益,徒增的只有自己的烦恼。爱情也一样,已然破灭了,就不要再悲伤地去哭泣。

当断则断,如果还眷顾以前的种种恩爱缠绵,心中多的只有无用的牵挂和无望的希望。人生有时就该挥泪斩情仇,给自己了一个心结,了一段悲痛,就像故事中的明子一样,化痛为力,重振精神,笑对人生。

电影《大话西游》里紫霞仙子说过:我猜到了故事的开头,却没有猜到结局。人这一辈,不可能事事顺利,我们总在不断遭遇着以前没有经历的事情。等所有事情都结束了,人生也就走到了尽头。所以不如放手,任它雨打风吹去,不要再眷恋,不要再回头。

还记得2008年5月12日那场令举世震惊的灾难——汶川大地震。在那个灾情重大、万民悲鸣的日子里,无数国人始终都保有着那么一份信念:相信明天,相信明天会更好。

有位记者采访在地震中失去右腿的女孩,问她,怕不怕。

女孩回答:"不怕,我要振作,因为我还有一条腿,我相信明天。"

相信明天,简单的一句话,作为一名失去右腿的女孩需要多大的勇气才能说出。

记者又采访了一位失去了两个孩子的中年男子,问他:"以后的日子会怎么过?"

男子摸了下花白的头发说:"一切都过去了,死者已去,生者若再不好好活着,将来怎么去面对他们!"

央视一位主持人去汶川采访的路上,遇见一名在外地打工现返乡的大爷。主持人问他,家里现在情形如何。

大爷回答:"听健在的朋友说,他们都去了。"

当时,稀稀落落的仍还有余震,大爷回家的路上还要经过不断塌方的山体。主持人说:"大爷,别回去了,前方多危险。"

大爷紧了紧身上背包,说了句:"再危险也要回呀,他们都还在那呢!"走了几步,又回头对主持人说,"感谢国家,感谢政府,有了你们,相信明天会更好。"

相信明天,面对困难不急不切。抛开烦恼,试着让心情振作。明天会有希望,明天会有喝彩,打开郁结,放下沉重。逝者已去,生者还在,有了明天,就是有了希望。

那位失去右腿的女孩,那位失去两个孩子的中年男子,还有那个执意回去的老大爷,他们无不相信明天,相信未来,知道明天会更好。

忘却所有的烦恼,淡却所有的痛苦、忧伤,相信明天,相信明天会更好!

电视剧《士兵突击》里钢七连的那句口号"不抛弃,不放弃",是那么撼动人心。"不抛弃,不放弃"这六个字,不正诠释了相信未来,相信明天的要义吗?

剧集中许三多出生于农家,兄弟三人,而许三多却是常被欺负的那个。勉强到了部队,人不会做,枪不会打,还因晕车坐不了步战车。三个月的前期训练结束,只能去后勤某单位工作。

面对一切的嘲讽打击,许三多并没有放弃自己执著的信念,因为他相信明天。有人问许三多:"什么是有意义的事?"

许三多傻傻一笑:"好好活着,做有意义的事;做有意义的事,就是好好活!"

一句简单的话,却充满无穷的哲理。在现实生活中,又有几个人可以做到这样?那么与其瞻前顾后、惶惶惑惑,倒不如奋勇前进,好好活着。等尘埃散尽,一切归于平静,喜也罢,乐也罢,都会变成记忆。

所以我们要保持良好心态来面对未来,期待明天。只有对明天充满希望,我们才能欢欣鼓舞、积极面对。

社会是向前发展的,有了发展,才有了今天的进步。如果一味沉湎于过去,对未来悲观消极,那人生怎会前进!索性放弃过去、抛开牵绊,让生命在明天更加盎然。

⑤　遗憾也是一种美

生命就像是一次单程的旅行,需要你义无反顾地向前走,不要遗憾,不要抱怨,因为这是一条单行道。

一路走过,我们会发现,原来我们遗弃了许多,就如坐火车,看着左边,遗憾右边。

很多时候,我们总在叹息:唉,当初要是不这样做就好了;唉,当初就应该那样做;唉,当初再大胆一些多好……总之,遗憾是每个人经常遇到的事。

人生一世,花开一季,任何人都想让此生了无遗憾,任何人都想让每一次作出的决定是正确的。可这只是一厢情愿的单纯幻想罢了,人不可能不做错事,不走弯路。让人后悔的事在现实生活中比比皆是。许多话说出来后悔,放在心中更后悔;许多事情做了后悔,不做也后悔;许多人遇见了后悔;擦肩后更是后悔。

所以,我们需要一种豁达的心态,不要总是纠缠住遗憾不放、自暴自弃,坦然面对、珍惜现有。

一位长相清秀亮丽的女孩经朋友介绍相亲,她听朋友说,这个男孩不但才华横溢,而且英俊帅气。约定见面的那天,女孩早早起床,细细打扮,她想让自己能以最美的形象出现在他的面前,给第一次印象多打点分。

临出门时,女孩老是觉得自己不是脸上粉没扑,就是眉没描好,数次返回补妆,最终出门赶到约定的地点时,男孩已离去。

女孩非常恼怒，一边埋怨这个男孩不多等她会儿，一边自责自己不应耽搁那么长时间。女孩再次遇到男孩时，男孩身边已有了女朋友，男孩笑着对女孩说："那天，我应该多等你会儿。"

其实女孩本没必要画那么长时间的妆，因为男孩喜欢的就是清新淡雅，不喜欢浓妆艳抹。为此，女孩时常叹息，但覆水难收，往事难寻，后悔已无益。

这位女孩大可不必要自责、纠住遗憾不放，因为生命就是在遗憾和后悔中来回往复。错过的一切就如同错过的时光一样，无法找回，人总得面对醒来的一切。人世本无常，岁月流逝恰如梦一场。没有什么事是割舍不下的，也没有什么事是难以忘怀的。记住，以一颗轻松自如的心来面对生活中时常发生的遗憾。

人生中经常会遇到许多缘分。不经意间的萍水相逢，却发现也可以给予更多；不经意间的邂逅和错过，也会留下清晰印迹。许多事，想象总比现实更美，相逢如是，离别亦是。当现实情形不再按照理想形态发生发展，遗憾也便产生了。

古希腊有位诗人名叫荷马，他曾经说过说样一句话："过去的事已经过去，过去的事无法挽回。"的确，昨日不管是兴奋还是忧伤，而今都已逝去，纵然还留有余温，当初都已不在。那我们何不好好把握当前，珍惜此刻拥有，干吗非得把大好的时光浪费在对以往的懊恼中？

一位乐于收集瓷器的大师，对一件好不容易得来的精美花瓶爱不释手。有一次，大师的一位朋友来叙谈，看到大师放在桌上的花瓶，便拿了过去，仔细端详。

正当大师的这位朋友看得聚精会神之时，一只不知从何处飞进的马蜂狠狠地把毒刺扎进了他的手臂。他"啊"的一声，手臂一抖，花瓶应声落地。

这位朋友见花瓶碎落，不知所措地只能连连道歉。

大师看花瓶已碎，"呵呵"一笑，说："不过就是一玩物。"接着又关心地问朋友，"你的胳膊没事吧？"

等朋友走后，一直陪在大师身边的徒弟不解地问："您不是最钟爱这个花瓶的吗，好不容易得到手，这下碎了，怎不见您心痛？"

大师说："过去的已经过去,不要为失去的物件哭泣。岁月不可重复,光阴如梭,后悔心痛不能改变现实,只会给未来徒增烦恼。"

徒弟似懂非懂地点了点头。

忘记过去,是很痛苦。不过,过去毕竟已经过去,不要为过去发生的事而损害当前存有的意义。越是沉湎过去,过去就会伤你越痛。

失聪的贝多芬是遗憾的,可他却谱写出了《第七交响乐》;断臂的维纳斯也是遗憾的,可他所呈现出的美却是令世人惊叹的。

人生恰如长河奔流,或湍急,或舒缓,时而风和日丽,时而狂风暴雨。人生总有许许多多不如意,如果我们总是怅然若失,沉湎于遗憾,那人生之旅的丰富多彩、万种风情,都要与我们说再见了。

有这样的一件事:一位左臂残缺的少年去练摔跤,他的教练只教他一个动作,并让他天天重复训练这个动作。

他很不理解,就问教练何时才能让他学习别的动作。

教练没有正面回答,只说了句:"你先努力把这个动作练好。"

后来,在比赛中,他只用这一招连克数敌,最终获得冠军。

他大感不解,就跑去请教教练,教练回答:"因为对手要破这个动作,唯有抓住对方的左臂。"

遗憾有时也是一种优点,请用别样的心情去挖掘美丽,挖掘未来。

遗憾在生命中总是不断发生,人生也正是由于各种遗憾才变得精彩纷呈。不过,若是遗憾让你心生烦恼,那就索性忘却,让快乐充满每一天。

记住,有时遗憾也是另一种美。

6 对过去,"糊涂"地放手

生活中很多事不需要我们紧抓不放,对于一些困惑事,我们何不糊涂地放手,让心灵自由翱翔?

当代著名大提琴演奏家波罗·卡萨尔斯,写过这样一段话:"我在每一天里重新诞生,每一天都是我新生命的开始。明天将是新的一天,应当重新开始,振作精神,不要使过去的错误成为明天的包袱。"

人生有时需要学会糊涂,正所谓"难得糊涂"。"难得糊涂",是一种境界,是历经世事沉淀后的从容和成熟,是人生大悟后的宁静和淡泊。

人的一生,总有许许多多黑暗与辛酸,这就需要我们学会浊眼看人,迷糊做事,学会对过去"糊涂"地放手。

"难得糊涂"意味着遇事不要钻牛角尖,意味着遇事要从各方面考虑。要想得开,看得开,该糊涂时就糊涂。"难得糊涂"表面看上去似乎有些消极,但是我们若能正确理解,正确应对,未尝没有积极一面。这是一种处世哲学。"难得糊涂"是一种豁达的人生态度,也是一种圆滑的经世之道。

对朋友宽容点,海纳百川有容乃大。朋友多了,敌人自然就少了。对自己也可宽容些,我们常常对自己所犯的一些错误懊悔不已,其实大可不必,有时,不妨糊涂些,让自己变得愉悦快乐,岂不更好?

一天,儿子在翻看爸爸以前的相册时。突然,他对相册中一个面容姣好、身材苗条的阿姨隐隐有些印象。

他想了半天,脑海中始终没有清晰的画面。于是就拿着相片,找到妈妈,问:

"妈妈,这个漂亮的阿姨是谁呀?"

妈妈看了一眼,说:"好像是你爸爸以前的一位朋友。"

儿子开玩笑地又问:"不会是女朋友吧?要真是爸爸以前的女朋友,妈妈你生气不?"

妈妈笑着回答:"生气干吗,都是陈年旧事了,现在我们一家人在一起不是很幸福吗?"

儿子本以为妈妈听到自己开玩笑的话,会生气,没想到妈妈却认为过去的事就让它去过好了。没必要再去较真、追究,为之生气。妈妈在乎的是现在,而不是过去,对过去糊涂一点,摇摇手,珍惜当前,才是真的幸福。

这一天,张老师的班里有同学丢了东西。张老师在班上说:"今天班里一位同学因着急丢了东西,请捡到的同学主动上交。"

这时,班上一同学站了起来,小声说:"张老师,是我捡到的,在这里。"

张老师把东西拿了过来还给失主,又当众表扬了那位捡到东西的同学。

事后,张老师说:"这位同学已不是第一次'捡'到同学失落的东西,如果我的糊涂能让他心中明了,还他以诚实和纯洁,那就行了。"

是的,每个犯错的人都需要尊严,有什么必要去戳穿孩子的谎言,让他一生因此蒙受阴影。

难得糊涂是一种策略,是一种智慧,是一种坦然也是一种悠然,就如对待生活中的某些事,只要自己大事不糊涂,小事多少还是糊涂些更好。

小成和小丽原本是幸福的一对,婚后一年彼此从未有过争吵,在他们的社区里堪称是年轻夫妇的模范。

有一天,小成因好奇,偷偷地登录了妻子网上的日志账号。

从妻子的日志里,小成得知了妻子以前有过男友。为此,小成非常生气,他指小丽电脑中的日志,要小丽说清详细情况。

可事情过了那么久,小丽怎能记住那么多。从此后,夫妻二人便开始了一次次的争吵。

以后,小成每看到小丽从外归来,脸带笑容时,就言语双关地暗说她去与前男友幽会了。事情发展到后来,小丽即使出个门,小成都在怀疑她有不轨行为。

时间慢慢流逝,但小成仍不能释怀小丽有过男友。每次,遇到鸡毛蒜皮的小事,小成便抖出这件事来,羞辱小丽。最终,二人的感情在吵闹中逐渐逝去,小丽提出了离婚。

小成的悲剧其实是他自己一手所造成。过去的事已经过去,没必要死抓不放,对过去的事情最好稀里糊涂,难得糊涂嘛!

就像有首歌中所唱:"过去的事不要再想,因你现在不算老。还有什么放不下,请你来把歌儿唱……"我们不能总在痛苦和回忆中浪费时间,有些时候,你的糊涂不仅可以解脱自己,还能收获幸福。

什么是人生真正的追求?什么是生命真正的需要?只有学会对过去放手、勇于放下,生命才能重新开始,人生才会获得更大成功。

7 一时之错非一世之过

历史是一个反复论证的过程,事物的对错没有绝对严格的概念。对于一些"错",没必要铭记于心,因为漫长的人生会给我们一个明确的答复。

人生漫漫,一路走来,谁都有可能犯错。犯错其时并不可怕,犯过错误并不代表你就此低人一等,永无抬头之日。

年少懵懂,无知冲动,年轻时觉得人生路很长,年老后回首再看,几十春秋,仿佛就在昨天。所以,我们走在人生路上时,如果不小心犯了错,没关系,改过就是。一时之错,不代表一辈之错。

佛家有言:苦海无边,回头是岸。只要能回头,肯回头,自然就能卸下包袱,成就事业。

古代有位大将，名叫周处。因幼年丧父无人管教，年少时便十分张扬轻狂、纵肆乡里。

在乡里他恶名昭著，人人唯恐避之不及。一日，周处见乡里百姓个个面容凄苦，便问乡里长辈所谓何事？

长辈叹说："乡里有三害，经常糟蹋百姓，你说我们能不苦吗？"

周处一听，有三害，豪气顿生，连忙追问是哪三害。

长辈冷笑一声："一是南山白额虎，二是长桥水蛟龙，三是作恶多端、欺负百姓的恶人。"

周处哪里知道，长辈说的恶人就是他。做人做到与猛兽齐名，也是旷古未有。

周处便自告奋勇要去铲除三害，他先是入山杀了猛虎，后又下河斩杀了蛟龙。斩杀蛟龙时，乡里一连三天没有他的消息。百姓们都以为周处已死，便互相庆贺。周处回来后，得知乡里百姓正在为他已死高兴，遂明白了长辈所说的恶人指的就是自己。

做人失败到如此地步，周处哪还有脸回乡。他便四处拜访名士，下定决心好好学习。他找到陆机、陆云两兄弟，以实情相告，哭诉着自己一定会痛改前非，表达出改正错误的诚意。但又怕自己年岁已大，学不出成就。

陆云就鼓励他："子曰'朝闻道，夕死足矣'，你年纪轻轻，现在立个志向，以后何愁没有前途！"

也是周处为人好学，智根聪慧。他立定志向，勤奋好学，一年后，就担任东观丞、以后又担任无难督。吴亡后，周处又被晋朝委以重任。为人刚正不阿、不畏权贵的他，最终得罪权臣，被派往西北讨伐氐羌叛乱，最后战死沙场，不过也成就了其一世英名。

可见，曾经所犯过的错误，并不代表一生都会错。周处敢于面对失败，总结教训，发奋图强，成为后世美谈。

一时犯了错不要紧，堂堂正正面对，给自己一个改正的机会，一时之错不等于一世之错。懂得撕掉过去犯错的标签，让自己偶尔脱离现状，看清自己的位置，你会发现：原来这就是前进。

这个世界没有任何人可以拍着胸膛说自己没有犯过错，犯了错不要紧，要紧的是敢于承认错误、面对错误。敢于放下包袱告别过去，人生才能快乐前行，轻松创造未来。

古时，一位年过半百的财主喜得贵子，名唤天宝。因家大业大，天宝从小不愁吃穿，渐大后变得游手好闲，到处结交狐朋狗友。

财主怕天宝这样下去会败光家业，就请了考了半辈仍未中举的秀才教他读书，明事理。在先生的教授下，天宝似乎有些长进。可好景不长，财主与老婆不幸得病去世，天宝从此便无人再管。

这时，天宝以前那帮酒肉朋友又找上门来。天宝抵挡不住诱惑，故态复萌，整日花天酒地。也就两年有余，千万家产便被其一败而尽。

直到天宝饿得上街要饭，他才悔不当初。严冬的一天，天宝借书归来的路上，因一天未吃饭，两眼饿得直冒金星，一不留神，一跤摔倒，半天也没有再爬起来。

恰巧此时，王员外路过，见冻僵的天宝手上还攥有一本书，怜爱之心泛滥，便让家人救醒天宝。之后，王员外让天宝教授自己女儿读书，谁知天宝生性难改，见王员外女儿腊梅长得如花似玉，便有心调戏之。

后来，王员外编了个理由，交给天宝二十两银钱和一封信，嘱咐天宝到苏州找他表兄。

天宝到了苏州，左找也找不到王员外表兄，右找也找不到信封上孔桥所在何处。眼看二十两银钱快要花光，天宝开信一瞧，但见信上写有四句话：当年路旁一冻丐，今日竟敢戏腊梅；一孔桥边无表兄，花尽银钱不用回！

天宝看完信，羞愤难当，本想一死了之，又转念一想：王员外非但救了自己的命，还保了自己名声，又给了自己二十两银钱。自己这样一死了知，如何对得起王员外。

于是，天宝重振精神，白天帮人家打杂挣钱，晚上挑灯苦读。

最后,朝廷开科招考,天宝进京应试,一举中得举人。于是,他连夜赶路,回去向王员外请罪。

他在王员外给自己的那封信末,添了四句:三年表兄未找成,恩人堂前还白银;浪子回头金不换,衣锦还乡做贤人。

就这是脍炙人口的"浪子回头金不换"的出处。在这个世界上任何人都有欲望,因一时冲动犯错,没必要时刻挂念于心,也没必要过于斤斤计较。以平常心来看待,重新去认识所犯的错误,分析原因,及时改正,吸取教训,以便以后的路走得更顺畅。

人生本就是错与对交替的过程,试想天宝如果因一时的错,终日不振、惶惶度日,哪会有后来的天宝举人。既然错误已经铸就,何不给自己寻找个借口,直面人生,凛然面对?

古人云:金无足赤,人无完人。任何人都会犯错,给自己和他人一个机会,人生路很长,一时之过不代表一世之过。

辑6　山不争高自及天

——为人处世,低调一点又何妨

　　高山沉默不语,却能耸入云端;大海低吟浅唱,却能收容百川;大地俯身垂首,却能承载万物。低调是一种超然洒脱、平和豁达的生活态度,它能让人在不显山不露水中成就一番事业。

① 低调是一种豁达的人生态度

站得高才能望得远,望得远才可知自己渺小,为人处世低调一些,只有低调方能豁达。

有这样一副对联:做杂事兼杂学当杂家杂七杂八尤有趣;先爬行后爬坡再爬山爬来爬去终登顶。横批:低调做人。

在这个世界上,低调做人不仅可以保护自己,使自己融入人群与他人和谐相处,还可以让人暗蓄力量,悄然潜行,在不显山不露水中成就事业。

低调是一种态度,是一种超然洒脱、平和豁达的态度。山沉默不语,它却耸入云端;海低吟浅唱,它却收容百川;大地俯身垂首,它却承载万物。低调就如百花丛中的红玫瑰,并不引人注意。但在姹紫嫣红的万朵艳花中,若缺乏它,整体又显得那么单调。

低调有时还可理解为"无欲则刚",换一种角度去参透人生真谛,阅尽人生感悟;低调有时还是一种最有质量的人格,一种登峰造极的人生态度。

在中国的历史上,舜是被第一个称作"大智慧"的人。据记载,舜刚出生不久,亲生母亲便离开了人世。后来父亲又给他找了一位后母,后母生了一个弟弟,名叫象。善良孝顺的舜总是尽心侍奉后母和象,可是后母越看舜越不顺眼,经常毒打和辱骂他。舜被逼无奈,没有反抗,选择去大历山脚下开荒种地。

寒酸清贫的日子,舜并没有怨言,常常还去帮助一些需要帮助的人。四周的人们见他的品德如此高尚,纷纷携老带幼举家搬迁和他做邻居。也就一年多时间,舜所在的地方就汇集成一个大村落。这个村落不断扩大,最终形成一座城镇。

舜的品行,传到了天子尧的耳朵,于是尧召见他并对他做了一些考验。舜凭借自己出色的能力顺利通过了测试,尧就将天子之位禅让给了他。

或许我们会认为舜是以他的"大智慧"赢得天子之位,但这种"大智慧"本身就是谦逊和低调。古人云:木秀于林,风必摧之;行高于人,众必非之;堆出于岸,流必湍之。现实生活中,有的人确实很聪明,但就是因为不懂得做人有时需要低调的道理,张狂肆意,结果处处受到别人排挤,导致事业不稳,家庭不和。

学会低调做人,就是要不喧闹、不造作、不招人嫌、不招人厌、不招人烦,即使认为自己满腹才华,能力过人,也要学会藏拙。

"天行健,君子以自强不息;地势坤,君子以厚德载物",低调做人,是一种姿态,也是一种风度;是一种修养,更是一种胸襟。

美国开国元勋之一的富兰克林,年轻时有一次去一位老师家做客。正当他昂首挺胸准备进入老师居住的小矮房时,"咚"的一声,额头重重撞上了门框。

老师哈哈大笑,赶忙让他进来,问他说:"疼吗?"

富兰克林揉着肿胀凸起的额头处,讪讪笑了下,回答说:"能不痛吗?"

老师接着又说:"你知道吗?你这一撞,让我收获了人生中最重要的东西。"

富兰克林疑惑不解,赶忙问老师收获了什么。

老师回答说:"一个人要想洞明世事,练达人情,就必须时刻记住低调。"富兰克林记住了,最终功成名就。

故事教育我们必须学会低调,低调是一种人生态度。做大事者就要学会藏锋敛迹、多思慎言、与人为善;就要谦虚平和、淡泊豁达、心胸宽广。

欲成大事者必须要学会宽容人,进而为人们所接纳、所赞赏、所钦佩。只有根基稳固,枝叶才能繁茂,才能结出累累硕果。倘若根基浅薄,难免会枝枯叶衰,禁不起风雨。

有这样一首诗:手把青秧插满田,低头便见水中天。身心清净方为道,退步原来是向前。

低调所呈现的是一种豁达,是一种大气,是一种从容。它所代表的是一种优美,是一种雅致,是一种风度,低调是人生智慧的沉淀。

小邓是名才学兼备的现代知性女子。她刚毕业时,因不懂低调,仗着自己是名牌大学毕业,在单位行政部整日颐指气使。

有次,销售部小李有事来行政部办事,事情做完后,他并没有马上走,而是去和行政部一位女同事说笑。小邓看见后,便嚷嚷道,现在是工作时间,有私人事请下班后再谈!她这一嚷,弄得小李和那位女同事涨紫着脸,张口结舌,欲辩无话。

后来,只要小邓去销售部办事,小李总会找这样或那样的借口进行拖延或暗中作梗。

还有一次,部门开会,因领导说错一句话,小邓便立刻打断领导的讲话,毫不留情地说出他的错误,让领导尴尬不已。

最终,公司因小邓不能与同事很好相处,便把小邓辞退了。

沉默是金,低调是智者的处世妙方。低调让你拥有坦荡人生、宠辱不惊,低调让你审时度势、灵活有度。

一个在工作生活中选择低调的人,给人的直观感受就是这个人值得交往,是个和蔼可亲、平易近人的人。只有学会低调,工作才会顺利轻松,生活才会美满幸福。故事中的小邓就是因太过高调,最终落得同事厌烦,工作丢失。

低调做人,就是用平和的心态来看待世间一切。只有这样,才能在卑微时豁达大度,才能在显赫时不骄不躁。

低调做人也是一种智慧,智慧是风,态度是帆,让我们扬起风帆,让生命之船在人生大洋上昂首前行。

② 放低姿态不是低人一等

人生中,低姿态的人往往最具实力,就如满瓶的水,深沉、厚重。

民间有句谚语:"低头的是稻穗,昂头的是稗子。"越是成熟越是饱满的稻穗,头垂得就越低,只有那些稗子,干瘪空洞才会招摇,始终把头抬得老高。

现实当中,越是有涵养、有头脑的人,为人处世就越是保持低姿态。只有那些没有多大本事却自以为是的浅薄之人,才会到处自我标榜、趾高气扬。聪明是上天给予一个人的财富,上天把聪明给了你,那怎样来使用?应放低姿态,用上天赋予的聪明、智慧来帮助我们获得成功,成就事业。

在如此激烈的社会竞争中,只有努力让自己做到谦虚忍让、淡泊名利的处世准则,才能在厚积的过程中积蓄力量,在关键的时候,当仁不让,一鸣惊人。

一位在德国留过学的机械专业博士,回国找工作。他顶着博士头衔前去应聘时,招聘单位都不敢录用他,认为他的要求一定会非常高,怕企业以后留不住他。

连连碰壁后的他,思来想去,决定先放下学位证明,以国内普通大学生的身份再去求职。很快,他就被国内一家机械厂录取。

进入企业后,他从事了单调乏味的图纸改写员工作。这样的工作,对他来说简直就是大材小用。不过,他仍是做得勤勤恳恳、认认真真。一天,企业从德国进口的一台先进机床出现了毛病,生产出的物件精度始终不达标,而从德国派驻来维修人员,这天刚好有事请假。

因厂里任务紧,这台高精度机床万不能停下。正当厂里领导急得团团转时,他站出来说:"让我试试吧!"

很快他就把问题给解决了,原来是机床的刀具修正有了点偏差。

领导这才对他刮目相看,就问他怎么会修这台机床?他就说自己在德国留过学。

很快,领导就把他从普通的图纸改写员调入了设计部从事设计师工作。

又过了一段时间,领导发现他还是与别人不一样,经常对企业提出一些建设性意见,便对他进行了深入的"质询"。这时,他才拿出他的留德博士学位证书。

通过这一段时间的接触,领导对他的人品及才能也有了较为全面的了解,毫不犹豫地重用了他,让他进入了企业核心领导层。

放低姿态就是给工作给生活留有更大的余地、更多的发展空间,得到更多别人肯定的机会。不过放低姿态的前提是你要有足够的能力,足够的内涵。人生道路何其漫长,短期内虽然看不出你放低姿态后的能力,但时间一长,这股力量必定显现。

文中的留德博士,正是以这样一种放低的姿态,才会有后来的成功。放低姿态是生活的一种境界,不在得意时轻狂,也不在失意时哀怨。

放低姿态,并不表示低人一等,这种放低恰恰是一种谦虚谨慎的生活态度,是一种高境界,一种力量的根源,一种不卑不亢的精神。

殷商时期有位贵族名叫商容,在当时,他是一个很有学问的人,传说连最著名的老子都曾拜他为师。

在商容命将垂危之际,老子得到消息赶来见他。老子问:"老师,您还有什么事需再教诲弟子吗?"商容挣扎着坐起来,声音喑哑地说:"我的学问,你已全部掌握了。现在我问你,很多人在经过自己故乡时,都要下车步行,这是为什么?"

老子想了想,回答:"大概是他们没有忘记故乡水土的养育之恩吧!"

商容点了点头,又问道:"很多人从古树下经过时,总要低头恭谨而行,却又为何?"

老子低头一思,回答:"他们是敬仰古树的顽强生命力。"

商容笑着点头,又张开嘴让老子看,问道:"你能看到我的舌头吗?"

老子有些不解,回答:"可以。"

商容接着又问:"那你能看到我的牙齿吗?"

老子回答:"您的牙齿都已落光了呀!"

商容目不转睛地注视着老子,说:"其中的道理,你能明了不?"

老子沉思了一会,说了一句:"刚强容易早衰,柔弱却能长存。"

商容赞许地点了点,满意地笑着对他这个杰出的学生说:"天下道理,尽含其中,你已知晓了……"

这就是以柔克刚的道理。"地低成海,人低成王",做人的最高境界也正在于此。

低调不代表懦弱,今日低调,是为了明日更好地抬头。做人必须放低姿态,纵然可以豪气万千,但不可骄横;纵然才干超群,也不能目中无人。放低姿态,我们就不会太过自满,以至不愿意面对新的挑战;放低姿态,我们就会睁大双眼满怀好奇地去学习许多知识,探索新的领域;放低姿态,我们就会以真诚谦卑待人,使大家折服并乐意和我们共事。

纵观历史,勾践因低下高贵的头,卧薪尝胆最终收回山河;韩信因低下倔强的头,忍受胯下之辱最终成就一世英豪;刘备再三低头,忍辱负重最终成就三国辉煌。因此,放低姿态是一种人生智慧。

人们常说,做人不可有傲气,但不能无傲骨。人在困难面前不能低头,但也不能总是高扬头颅,眼睛向上,藐视一切。

在现实生活中,我们应该试着去学习低头,学会认输。处世的智慧就在于你能不能适时地咽下一口气,不去做无谓的坚持。

放低姿态,放低自己,不是鄙视自己,压抑自己,而是更加清醒地认识自己。不是让我们低声下气、妥协奉承,失去做人的原则,而是以一颗诚挚的心去对待人和事。放低状态,不是自卑,也不是怯弱,是清醒中的一种经营。

③ 木秀于林,风必摧之

人生在世,一定要懂得谦虚谨慎,藏匿锋芒。一个人如果过于锋芒毕露,不但会遭受他人嫉妒、陷害,甚至可能蒙难。

俗语说:木秀于林,风必摧之。现实的生活就是这样,过分张扬极易遭受众人非难,也易树敌。

小凡是刚毕业的大学生,一次去一家设计公司应聘设计师一职。在第一轮面试时,他向面试官出示在大学里所设计的作品。面试官看到小凡拿出的作品不俗,赞许地让其通过了第一轮面试。

在第二轮复试时,小凡高兴得忘乎所以,似乎设计师的工作已经定局。面试过程中,小凡长篇大论侃侃而谈,说作为一名设计师应遵守原则,不能因他人或客户的要求而背弃原则。接着,又大谈特谈其在学校里曾担任过班长、学生会主席等职务,还说自己擅长策划,有领导才能。意思就是公司如果不录取他,那将是公司的重大损失。

接着又点评起行业来,把这个行业的运营方式说得一无是处。

最终,小凡惨遭淘汰。原来复试时的考官,就是此公司的总策划。

面试时,谁都希望自己刚开始能给单位留下良好印象。这并没有错,但要把握尺度,锋芒毕露只会得不偿失。

小凡给我们留下的教训就是锋芒太露,还未进公司就把大领导得罪了,最后自食其果。

一个正直聪明的人,往往小事糊涂,大事睿智,为人低调,从不争功。做人就如做水,柔水可利万物。只有那些不争之人,才能笑到最后,成为一个真正赢家。

收敛锋芒,掩饰自己的优点,别人才不会防你,攻击你,从而愿意与你和善相处。

每个人都有表现自己的欲望,世人也都存有一种嫉妒心理,都希望自己能比别人强,都希望能得到别人的认可。凡事都要争个先,可知,这样做不仅得不到他人认可,还会给自己的未来埋下祸根。

做人切忌锋芒毕露、太过张扬,做人低调些、稳重些、含蓄藏锋些,这样既有利于团结他人,又能更好地发展自己。

一个人不论自己的能力有多大,万不可锋芒毕露。现实社会,低调者更容易成事,我们需要妥协一点。

也许锋芒毕露可以暂时获得成功,但这也只是在为自己掘坟墓。虽展现了才华,却也为自己埋下了危险的种子。一个人不可过分地张扬,要知道不管自己多么优秀,难免会遭到各种明枪暗箭的攻击。

《红楼梦》中,王熙凤就是因为锋芒太过显露,做人做事太过张扬,最终"机关算尽太聪明,反误了卿卿性命"。

西汉大将韩信,因不懂锋芒藏匿,常在刘邦面前不知收敛,尽显锋芒。虽"功盖天下",最后刘邦却不管韩信是否真的谋反,执意要杀掉他。

三国时诸葛恪,自幼天赋过人,才智敏锐,周围人都认为他将来的才能会超过其父诸葛瑾。诸葛瑾高兴之余又暗生悲伤,认为诸葛恪性格急躁、刚愎自用,太喜欢表现自己,怕以后会给家族带来不幸。果然,诸葛恪掌权后,独断专行,引起众怒,终被吴主设计杀死,家族也惨遭夷灭。

明代"指挥皆上将,谈笑半儒生"的徐达,做事做人从不锋芒毕露、居功自傲。每次挂帅出征,回来后都立刻交回帅印;虽与朱元璋儿时曾一起放过牛,但从不与他称兄道弟;虽身为统帅,却处处与士兵同甘共苦;无论做了多大贡献,从不邀功,也不请赏。最终在朱元璋向以前共打天下的战友们"开刀"时,他却可以保全自己,得以善终。

那些个性鲜明、锋芒毕露的人,有时难免会在有意无意间伤害他人;加之自身才华横溢,暗遭别人嫉恨,如果再执拗和倔强,是很难与周边环境协调共存的。

真正的智者懂得藏智,懂得必要的妥协。这种大智若愚、韬光养晦实则是人生的最高境界。

④ 谨言慎行,更容易赢得他人好感

在现实生活中有的人很有能力,也很能干,但是,他们总是要求自己不要过分出头露面,不要逞能。

能力强的人往往有这样两个致命的通病:一是常常在不当的场所表现过度的自信,这种自信在别人看来就会变成了逞能、傲气;二是在得到领导器重和肯定时,常常太过于自傲,认为别人都不如自己,从而成为小心眼人嫉妒的由头。说不定哪天受到别人打击,自己还一头雾水。

有能不可逞,逞能就是招惹是非的祸根。

有一天,吴王和随从们坐船去江里游玩,看见一座猴山,便带领随从攀登上了这座山。

群猴看见来这么多人,纷纷四散躲入丛林荆棘中。可是有一只猴子,不但不跑,还得意洋洋地在吴王面前跳来跳去,故意逞能卖弄灵巧。

吴王一气之下,拿起弓箭便朝这只猴子射去。猴子动作敏捷,迅速地把飞箭接住,龇牙咧嘴地朝着吴王发出"吱吱"的嘲笑声。

吴王恼怒之下令随从乱箭齐放,那只猴子就这样被射死。

吴王回过头来对他的朋友颜不疑说:这只猴子在向我夸耀自己的灵巧,仗恃自己的敏捷,在我面前逞能肆意,以至于就这样死去了呀!记住,任何时候都不要拿你的才能在别人面前逞能。

颜不疑回去后，就拜了董梧为老师，远离美色声乐，勤奋刻苦，深居简出。过了三年，全国人都在赞誉他。

这个故事告诉我们，做人不要像这只敏捷的猴子一样，逞能卖弄，肆意妄为。在根本不了解自己力量和他人力量的时候，跑去瞎逞能，无疑不是明智之举。

有才不可瞎逞能，瞎逞能就是招惹是非祸根。如果一个人过于逞能、逞强，就不会摆正自己和他人的关系，就会产生只有我才行，其他人统统不行的感觉。久而久之就会成为自高自大、目中无人、藐视一切的人。

如果一个人处处太过逞能、逞强，处处张扬自我、突出自我，那么，他最后的结果就是处处碰壁受阻，处处陷入众矢之的的重围之中。结果呢，就像伊索所说的那样："大胆傲慢的人常为生活不幸所打倒。"

一般而言，逞强好胜会招致他人厌烦。那么不逞强（也就是示弱）有时就会获得他人的好感。为人不可逞强好胜，适当的示弱对人对己都有好处。逞强让人讨厌，有时甚至还会招致杀身之祸。

东汉末年有位杰出的文学家，名叫杨修。其人出身名门贵族，且才思过人、博闻强识，曾担任曹操的主簿。

他有一大弱点，就是自认为自己博学善言、文笔隽永，并且恃才傲物、目中无人。

当时的曹操被称为枭雄，独霸北方，表面上官居丞相，实则挟天子而令诸侯。曹操一向多疑善变、刚愎自用，始终想在群臣面前树立威信。

杨修为了能引起曹操重视，多次在群臣面前显示其过人才能，并时常点破曹操心思。有一次，宾客送给曹操一盒珍贵的美食，曹操在盒上写下"一盒酥"三个字就走了。杨修为了呈现自己才能，就擅自做主让左右人分了吃。左右人都恐惧曹操威严，不敢吃。杨修说，没事，出了事我顶着。

曹操回来，知道这事后，就问杨修为什么要这样做。

杨修回答：盒子上明明写着一人一口酥，我们是在按丞相的吩咐做呢。

曹操听后，笑了笑，夸赞杨修聪慧，但心里却暗暗厌烦他。

还有一次，曹操令人建造府第。修好后，曹操检查时在门上写了一个"活"字转头便走,在场的人都不理解,纷纷纳闷疑惑。

杨修却明白曹操的意思,他说:活字外面加门,不就是阔吗?丞相是嫌太窄了。曹操听了杨修的话后,表面上十分称赞,但心里却对杨修的逞能充满嫉恨。

曹操生性多疑,常对身边的人说自己有"梦中杀人"症,并告诫手下说:凡是我睡觉的时候,你们千万不要靠近。

这话说了没多久,一天夜里曹操还真杀了一名为他掩被的侍者。之后,曹操佯装睡梦初醒,先是震惊,后又哭着厚葬了这位侍者。

这一切,杨修都看在眼里,他对死者尸体说:"丞相并非在梦中,而是你仍在梦中啊!"

就这样,曹操苦心导演的一出戏被杨修戳破了。

一次曹操领兵与蜀军交战,当时的曹军因征战数日,人困马乏。进攻,军事要隘已被蜀军重兵据守;后撤,又怕,动摇军心。

吃晚饭时,曹操发现碗中有鸡肋,一时有感于怀。恰好此时有人来询问夜间令,曹操便随口说:"鸡肋,鸡肋。"

杨修听后,认为"鸡肋者,食之无味,弃之可惜"。于是,杨修料定第二天曹操必下令班师回朝。于是,他没有请求曹操意见,便命令他的下属收拾行装,以便明日撤兵。

这次,曹操对杨修的逞能,实在是忍无可忍,就借"扰乱军心"为由,将杨修诛杀了。

所以,做人万不可逞强好胜,适当的沉默妥协对人对己都有好处。逞强让人厌恶,凡事应多看少说,不卖弄本事,不妄加评论。杨修就是因为恃才傲物,逞能冲动,才会被杀。

一个人不管有多大的本领,万不可当做逞能的资本。只有谦虚谨慎,才能获得别人的敬重。希望大家不要自恃头脑灵活,像杨修这般仗恃自己的才能,在他人面前骄狂逞能,最终落得可悲下场。

就像俗语所说的:"过于逞能,最后是会哭的。"

⑤ 不要在人前炫耀自己

美国评论家威廉·温特尔曾说过这样的话:"炫耀是人类天性中最主要的因素。"

自然界中,孔雀开屏炫耀自己的美丽,公鸡啼鸣炫耀自己的嗓音,这其实都是动物的本能。作为高级动物的人类,炫耀也是本能中的一种。不过,人类是有意识,有思想的。所以炫耀要掌握原则,注意适度,把握分寸。

生活中,总有那么些人喜欢在别人面前炫耀自己,总以为这样别人就会高看自己,从而会敬佩自己。殊不知这种自我炫耀,反而会令别人反感,最终适得其反。

假如你处于得意,而身边有个朋友正处于失意之时,你的炫耀在他的眼里,便是嘲讽,便是讥刺,让他有种被你比下去的感觉。甚至还会迁怒于你,讨厌你,恼恨你。

一位朋友正处于事业及人生的低潮期,不但所开的公司面临破产,而且妻子还提出了离婚。

一天,这位朋友的好友约他和另外几个朋友来家吃饭。朋友彼此间都是熟知的,主人把他们请来的目的是想借酒桌热闹的气氛,让失意的这位朋友心情好些。

酒桌上,大家都在尽力避谈有关事业及爱情的事。可是,酒过三巡,一位姓陈的朋友因为昨天做了一笔生意,赚了许多钱,便忍不住开始谈论起他的赚钱之道。

那种得意忘我的神情,连主人看了都有些不舒服。

失意的朋友听了姓陈朋友的炫耀,脸色非常难看,一会抽根烟一会又上趟厕所。后来,他实在忍受不住,猛喝了一杯酒,转身便离开。

主人了解他的心情，就送他出去，在门外，他气愤地说："老陈会赚钱也不必这样呀，明知我公司快要倒闭了还那样！"

卡耐基曾说过：如果我们只是要在别人面前炫耀自己，使别人对我们感兴趣，那么我们将永远不会有许多诚挚的朋友。真正的朋友，不是以这种方式来交往的。

所以，在别人面前，千万不要炫耀自己的得意，如果一味地炫耀自己的得意事，别人就会对你疏远，在你毫不知情的情况下离你远去。

现实社会，不再是独自打天下的社会，如果想让朋友认同你、帮助你，那就少点炫耀，多点谦恭。

文中的那位姓陈的朋友，就是因为太过于炫耀，最终导致那位失意的朋友离去。

有句格言这样说：愈是喜欢受人夸奖的人，愈是没有本领的人。我们常说，能耐和本事，要让别人去说。一个真正成功的人是不需要自吹自擂的，别人的肯定才是最大的认可。

俗话说，虚心使人进步，骄傲使人落后。在人前炫耀，恰恰是一种偏狭、傲慢和无知的表现。

在美国南北战争的历史上，曾有两支军队进行了空前的激战。时任北军统帅的是格兰特将军，时任南军统帅的则是罗伯特·李。经过一番惨烈的血战，南军一败涂地，溃不成军，最后投降。

投降时的罗伯特·李，身上穿的仍然是全新的。完整的军服，腰间佩戴着南方政府奖赐他的名贵宝剑，丝毫没有战败的落魄之气。

格兰特将军立了大功后，非但没有骄奢炫耀，反而对受降后的罗伯特·李谦恭有加。

格兰特将军说："罗伯特·李是一位值得我敬佩的人物。他虽然战败被擒，但仍然昂首挺胸、衣冠整洁，神情态度极为镇定。像我这种矮个子，和他那 6 尺高的身材比较起来，真有些相形见绌。"接着又说，"这次胜负是由极为凑巧的天气环境决定的。当时李将军的部队在弗吉尼亚,几乎天天遇到阴雨绵绵的天气,害得他们不得不陷在泥淖中作战,战斗力才会大大下降。相反,我们军队所到之处,几乎每天都是好天气,进军异常顺利。"

这番谦虚之语,在大家听起来,远远比自吹自擂好很多。格兰特将军不但赞美了罗伯特·李的态度,还没有轻视他的战绩。他把一场决定最后命运的大胜利,归功于天气和命运,认为自己的成功和罗伯特·李的失败,是综合因素所造成的。这正表示了他有充分的自知之明,没有被名利欲念所湮没。

有人说过这样的话:越是不喜欢接受别人赞誉的人,越是表示他知道自己的成功是微不足道的。

一名化妆品推销员,他工作能力非常出色,常常得到公司领导夸赞。可是他有一个毛病,就是太喜欢炫耀自己。

他经常在同事面前炫耀自己昨天又成交了多少单,今天又有几个顾客有意向。同事们一听他说话,不是借口离开,就是面露厌烦之意。

后来,同事们都不愿搭理他,他的工作因此异常难做。痛定思痛,他决定改变自己,不再到处炫耀自己业绩,而是更多地选择倾听,请教别人。

没过多久,同事们对他的态度大为改观,都愿意与他一起共事。

从此,他学到了一点:与其炫耀,不如倾听。

当自认为自己比别人优越时,请别大声疾呼,要平易近人,对自己的成就轻谈低语。时刻保持低调谦虚,避免因为炫耀树敌太多。故事中的这位化妆品销售员,刚开始就是因为不懂得谦让,使得周围同事对他避而远之。

真正的展示教养与才华的自我表现本无可厚非,不过,刻意的炫耀却是最愚昧无知。炫耀只能说明这个人的肤浅。人的一生,若得不到身边人的帮助,就会把自己前进的路堵死。

真正具有天才能力的人,他们会从容地作出一些令别人赞叹的事。他们不炫耀,不招摇,不自命不凡。

人生万万不可炫耀。

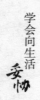
6 得意之时更要谦虚

得意常常会让人忘我,而忘我,往往是失败的源头。只有在得意时保持谦逊,人生才能锦上添花,才能更上一层楼。

中国有这样的一句老话:"成名每在穷苦日,败事多因得意时。"明代学者崔铣对这一观点,有了更为全面的阐述:自处超然、处人蔼然、有事斩然、无事澄然、得意淡然、失意泰然。

以上两句话,说的其实正是一种做人态度:得意之时要谦虚。古书史籍,做人须谦虚的故事比比皆是。例如大家熟知的著名越国范蠡将军,在辅佐勾践卧薪尝胆消灭吴国之后,急流勇退,回家养老。而和他一起并肩作战的大臣在胜利得意之时,忘乎所以,最终被勾践以各种理由杀害。

得意之时莫忘形,失意之时莫失德。这就是中国的"中庸哲学"。然而,能像范蠡一样看得透的人不多。很多人在小有成就后,便忘了自己是谁,整日飘飘然不知所以,最后落得凄惨下场。

东汉末年,何太后之兄何进痛恨宦官弄权,又常不听自己话,于是请示太后,欲请外兵入京诛杀他们。

京师之处,乃军机重地。汉代法律规定:藩镇军马不经宣诏一律不准进京,以防作乱。

何进哪有如此见识,他能够成为大将军,只是因其妹妹入宫为贵,生了皇子,后成皇后。于是,他也平步青云,官升如箭。不过,他虽贵为众臣之首,却是外强中干,眼光短浅,只看重自己的权势和职位,以为只要有权便拥有一切。

曹操知道后,就悄悄对何进说:"宦官之祸,古今皆有。世主不当假之权宠,使至于此。若欲治罪,当除元恶。但除此恶,仅需狱吏足矣,何必调外兵乎?"曹操的意思是:天子纵容了宦官,不过,想要办他们的罪,只需把他们交给狱吏法办就可以了,不用调外地的兵将进京。

不过,何进并没有听进曹操的劝说,反而对曹操怀有猜忌。

曹操见此,仰天一叹:"乱天下者,何进也。"

果然,何进因请调外兵,宦官便在官内设下阴谋,杀死了他。

袁绍等人闻知此事,遂借机带兵入宫,将宦官全部杀光。而后董卓依先前诏令入京,不久即废少帝刘辩,另立刘协,又迫杀何太后,致使何氏家族灭亡。

春风得意,手握重权,这些并不能保证自身的安全。要知道"高处不胜寒",权力顶峰处,也是众欲之望、众矢之的处。否则,得意时不知道谦虚恭让,被人谋害都不知对象是谁。就像故事中的何进,就是因自视强大,小看对手,以致命丧人手。

得意时需淡然,不要太看中一时的胜利。用真诚来经营,用微笑来面对,这才是做人做事的大智慧。

其实,这种大智慧中国自古有之,但做到的人却少之又少,哪怕是那些功成名就的大人物。例如唐代诗人孟郊的《登科后》有句"春风得意马蹄疾,一日看尽长安花",这是他在 46 岁中进士后的得意忘形之作。他却终究也没有摆脱穷愁潦倒的日子,后因饥寒冻饿,死于贫病。

人生得意时最易忘形,一忘形,再聪慧的大脑也会短路,于是难堪、错误便接踵而至。这样的故事,在历史上不是没有发生过:

有一次,英国首相丘吉尔准备到 BBC 广播电台发表一篇重要演讲。

因他的车子出了故障,所以他准备打的士过去。出门后,丘吉尔看到远远的一辆无乘客的士正往这边驶来。

丘吉尔把的士拦下来,客气地对司机说:"司机先生,麻烦您载我去 BBC 广播电台!"

司机把头从摇下的车窗伸出来:"很抱歉,先生,你另外再招一辆吧,我现在不能载您去!"

丘吉尔疑惑不解,问:"为什么?你的车上又没有乘客!"

的士司机笑着回答:"BBC广播电台太远了,我要载你过去,我就赶不及回家收听丘吉尔先生的演讲了。"

丘吉尔一听司机不载他是因为要赶回家听自己的演讲,高兴之余,得意地从口袋掏出10英镑,交给司机。

司机一看丘吉尔给了他那么多钱,兴奋地连忙下车,打开车门,大叫着:"先生,您上来吧,我载您去BBC广播电台!"

丘吉尔见司机的反应跟刚刚截然不同,诧异地问:"您刚刚不是还说准备回家听丘吉尔的演讲吗?"

司机手扶车门,说了句:"去他的丘吉尔,现在您比他更重要!"

以后,丘吉尔常在演讲时向听众讲述这个故事。他说:"我常讲这件事,是因为我需要经常提醒自己,千万不要因为自己是名人,就太过得意,很多时候,自己是经不起考验的。"

从此,丘吉尔在他人面前更加谦虚谨慎。他尽可能地学习各种知识及才能,从而让自己不徒有虚名,可以应对更多挑战。

一个人,志得意满时应心平如水,万不可骄傲狂妄,须堂堂正正做人,踏踏实实做事。

太极图中的一阴一阳两尾鱼,阴鱼当中有阳鱼眼,阳鱼当中也有阴鱼眼,彼此共生共存,相互包容,互相转化。想要达到这种合二为一的境界,在得意时必须保持谨慎,谨言,谨行,才能在得意时不忘形,在得意中如意。正如古人所讲:"居上不骄,为下不倍。"得意时不盛气凌人,目空一切;在失意时不妄自菲薄,嫉妒、甚至损害别人,这样你才能体会到真正的人生!

⑦ 少说多做，踏踏实实做人

所谓"言多必失"，为人处世时，应谨言慎行，只有这样才不致落人把柄，遭到小人陷害。

《论语·学而》里有句"敏于事而慎于言"，意思就是做人做事要诚实，不乱说，不多语。少说多做，并不是让我们不说话，而是让我们要说该说的话，绝不可胡说，瞎说。

说话是人们在社会交流中最重要的工具。如何说话，怎样说话，自古就是一门大学问。同样的一件事，分场合，分时间，分环境，分听众……用不同的话去表达，效果定会不同。

中国传统文化强调"修口"。一个善良而有能力的人不需要用言论来证明自己的正确。面对诽谤和攻击，不辩不争不论，用行为来证明自己的无辜和清白。

"善者不辩"一个善良的人做了善事不需要去和别人争辩什么。你越是去吵去闹去极力证明，越是适得其反，最后让自己身心交瘁，疲惫不堪。所谓的"欲加之罪，何患无辞"，正是也。

俗话说"病从口入，祸从口出"，意思是要告诉我们，一个人在说话做事时要谨慎言行，毫无顾忌地胡言乱语最终会惹祸上身。

忍辱不辩的人往往都是在埋头做事、小心谨慎的人。与此相反，那些天天与别人争论、辩解的人并不是真正有能力的人，尽管他们处处都在表现自己多有能耐，证明自己有多强。

真正的智者只是做自己认为应该做的事，不用花言巧语去赢得别人的赞许肯定，空谈却没有实际行动的行为将一事无成。所以我们说，少说多做，踏踏实实做人。

古语有言,君子三缄其口;古语亦有云,不得其而言,谓之失言。

有人做了这样一项调查研究:他调查的对象是一批受过同样专业训练的房产销售员。这个人把房产销售员中业绩最好的 10%和业绩最差的 10%作了对比,发现他们的销售业绩相差甚大。

为什么受过同等训练的销售人员,业绩会有如此大的差异呢?

这个人又针对这两批销售员每次与客户交谈的时间,作了调查研究。发现:业绩差的那批人,每次与客户交谈时间在 30 分钟以上;而业绩好的那一部分人,与客户每次交谈的时间平均累计只有 12 分钟。

这个人非常困惑,为什么交谈 12 分钟却要比交谈 30 分钟以上的人取得的业绩要好呢?

最后他向一名专家请教,终于弄明白了其中的道理。

道理其实很简单,客户去买房,整日都要与销售人员打交道,他们每天获得的信息量太大,根本无法好好地抉择。相反业绩好的那批销售人员,说的话少,客户反而会用心去倾听,用心去思考。

然后这些销售人员再根据客户的疑惑,揣测客户内心的想法,从而找出各种解决的方案。自然,他们就能创造出优异的业绩。

现实生活中,每一个人都有自己的梦想,每一个人都渴望成功。但却很少有人能够认认真真、脚踏实地去努力去奋斗。

有人说,我很努力呀,我对领导殷勤,对同事体贴,可仍旧得不到重用。请仔细想想自己对领导对同事讲过的话吧, 是否就是因为太过于殷勤太过于体贴,反而让领导认为你在逢迎,让同事觉得你很做作。

发明家爱迪生曾经说过:"我深信实事求是而不讲空话的人, 一定是位寡言,是位深受别人喜爱的人。"人生处世,我们需谨记这一法则:少说话多做事,踏踏实实做人。说得多, 做得少,只会让你前进的路上充满坎坷。唯有脚踏实地、认真思考,努力做事,人生才能得以圆满,得以成功。

与人共处，避免高谈阔论，不对他人评头论足；与人共处，应以诚相待，立信为本；与人共处，遇事不乱，忍辱不辩。现实生活中睿智、豁达、心地善良的人都不会花言巧语，巧舌如簧。少说多做是一个人道德修养之体现，能言善辩者不一定良善。谨慎者多真实、多沉稳，不诓言、不轻诺。

能说会道的人不一定聪明，见多识广的人不一定博学。人的一生是非常短暂的，人生中重要的是"言必行，行必果，重承诺"，朝着既定的目标奋力前行。而喋喋不休、争辩不断，无疑会耗费我们宝贵的人生。

老子说："信言不美，美言不信；善者不辩，辩者不善。"最后他又讲："圣人之道，为而不争"。所以，人生在世，应妥协低调，少说多做，踏实做人。

辑7 世上没有办不成的事

——对困境，变通一点又何妨

　　每个人都会有处于低谷和逆境之时，对此我们不能固执地"一条道走到黑"，不妨让生活转个弯，与其逆水行舟，不如侧风扬帆。既然前方的道路已经行不通，不妨试试边上的小路，没准那边的风景会更美！

① 要懂得适应和变通

肖伯纳说过这样一句话:"明智的人使自己适应世界,而不明智的人只会坚持要世界适应自己。"现代社会是一个竞争激烈的社会,生活在这样一个快速变化的时代中,需要我们懂得适应,学会变通,从千头万绪的问题中找出关键所在,及时地作出可行、有效的决断。

妥协不是失败,不是低头,妥协是变通,是适应。大自然的生存法则就是,适者生存,不适者淘汰。"既来之,则安之",做人就要学会适应环境,适应社会,适应他人。如果我们身处的环境发生了变化,那我们的观念也要随之变化,以便让自己可以适应新的环境。

人生在世,没有绝对的顺理成章,凡事都会历经波折,所以我们要学会随机应变,不能刻板教条。改变不了环境,那我们就去适应它;改变不了社会,那我们就妥协融入它。

俗话说:"忍一时风平浪静,退一步海阔天空。"勇往直前是一种勇气,急流勇退也是一种智慧。我们需要顺势而为,敢于适应,善于变通。

持之以恒的精髓在于随时保持清醒,随时保持冷静。执著和变通是相对而又统一的哲学观念,绝对的执著和绝对的变通都是不完美、不可取的。

古印第安人有种特别的捕熊方法, 他们把熊爱吃的蜂蜜涂在大石头上,再用绳子把大石头绑在高树上,让大石头垂落下来。

熊闻到蜂蜜味道前来,用掌触及垂挂的大石头,可大石头被吊在树上,哪会被它轻易取到。熊见取不到石头,气急败坏之下拼命拍打石头,大石头在他的拍打中便来回做钟摆运动。

可以想见,大石头在摆动过程中,必然会击打到熊身上。执著、顽固不化的熊,见拿不到石头,反而还遭打击,更加恼羞成怒地用尽全力拍打。

时间一长,熊便间接地死在了自己的掌下。

我们常说,遇事不要被仇恨和愤怒蒙蔽心灵,不妨后退一步,让自己清醒一下,审时度势,寻找可行的解决方法。或许,在熊的头脑中,自己是顽强的,是英勇的,是坚持不懈、永不放弃的。但就是这种不理智,不冷静的冲动,遮蔽了自己双眼,白白送了生命。

有一种美,叫执著;也有一种绚烂,叫变通。执著是永恒中的坚定,变通是坚定中的暂时,变通是为了最后的永恒。

执著如山,变通似水,只有山水相拥,风景才能这边独好。当我们不能改变周围的环境时,那就努力使自己适应它;当我们不能解决困难时,那就另寻他路。我们需要聪明地对环境作出妥协。如果我们可以适应一切环境,那我们的人生何愁不会成功?

美国威克教授曾经做过这样一个有趣实验:他拿着一只玻璃瓶,平放着让宽大的瓶底对着光亮处,细窄的瓶口对着暗处。再把一些蜜蜂和苍蝇同时放进玻璃杯,然后观察它们的反应。

结果,蜜蜂们拼命地朝着光亮处飞去,毫不迟疑一次又一次地猛烈撞击着瓶底,直至最后力竭而死。而那些苍蝇,被放入玻璃杯后,四周乱窜,最终都从细窄的瓶口逃掉。

威克教授这一实验告诉我们,在充满不确定的环境中时,我们需要的不是单纯的执著和努力,而是要在灵活变通中寻找求生的路。

有位哲学家说:"你改变不了过去,但你可以改变现在;你想要改变环境,就必须改变自己。"执著的蜜蜂走向了死亡,变通的苍蝇却逃出困境。因此我们不妨对环境妥协一些,对困境变通一些。

所谓变通,顾名思义,就是改变自己以适应周边环境。适应是指人类适应周边环境的生存能力,而变通是指人处在不可改变的环境中想法改变自己的能力。

当人生处于低谷不顺时，不必执著，让生活转个弯，换个活法。既然前方的路已经不通，不妨试试边上的小路，风景可能更美。

两年前，四十多岁的老王原本是高高在上的企业高管。有一次，因与董事会某领导意见不合，最后"被"辞职，失业在家。

老王一下未适应，再加上年岁已大工作不好找，便整天在家里唉声叹气、愁眉苦脸。

这一天，老王在家憋得实在难受，就趁天黑一个人悄悄地溜下楼，去附近的小吃街转悠。

小吃街上人潮涌动、摩肩接踵，这时老王被人群挤到一个围满顾客的烤红薯摊位前。摊主是位年轻小伙子，他见老王过来，以为要买红薯，便热情地招呼着。

老王推辞不过，加上自己又爱吃烤红薯，就买了一个。

吃完后，老王对小伙烤红薯的手艺赞不绝口，说自己以后还会经常光顾他的摊位。

小伙是个外地人，下个星期要回老家结婚，婚后也不会过来了。他见老王这样一说，便笑了笑说："大哥，实不相瞒，我要回家了，以后恐怕不会再回来了。"

老王看着络绎不绝的买红薯人群，诧异地问他，生意这么好，为什么要走？

小伙说出了原因，接着又说："这条街上，只有我一个人烤红薯，我走了，顾客们就没得吃了！"说完，他开玩笑地对老王说："大哥，你这么爱吃烤红薯，要不你来卖吧！既能自己吃，又能赚些钱！"

小伙只是句玩笑话，没想到老王当了真。

一星期后，小伙如期回家结婚，他把烤红薯的工具一分钱未收全送给了老王。小伙说："工具不值钱，我交的是大哥您这朋友。"

自从老王烤起红薯后，日子不但充实而且充满希望，一改当初失业时的沮丧和落寞。

几个月后，因生意火爆，老王租了店面当起了烤红薯老板。

再后来，老王接二连三地开了连锁店，拥有了自己的品牌，很多人慕名而来,纷纷上门要求加盟。

现代社会,妥协已成为一种新的生存能力。及时、正确、准确地洞察社会变化,并对这种变化作出最迅速的反应,才能走向成功。故事中的老王,就是因为懂得妥协,学会适应和变通,最后才走向成功。

在这个快节奏的社会里,真正的危险不在于生活经验缺乏,而在于认识不到变化,和对变化不能作出及时调整。

面对未知环境,我们不妨灵活地选择变通,以便让自己能更好适应,走向美好新生活。

② 无法改变事实,就要改变看法

有位名人曾说过:"事物的本身并不影响人,人们是受到对事物看法的影响。"那么我们是否也可以这样理解:无法改变事物,就去改变对事物的看法!

人生有很多事都不是我们可以控制的,如生老病死、天灾人祸、地震海啸等。既然我们无法改变,那沉迷彷徨其中又有何意义?既然木已成舟,我们不妨改变自己的看法。

森林里动物们正在选新歌手,比赛已进入尾声,台下众动物都已身体疲乏、昏昏欲睡。

被安排在最后一轮的猫头鹰,兴奋地整理着自己那黝黑的羽毛。它认为自己的声音得天独厚,独一无二,是上天刻意打造的天籁,这次比赛一定可以夺魁。

轮到它上场时,它向台下看了看神情麻木的众动物,清了清自己那尖锐干瘪的喉咙。

极具冲击性、刺激性和穿透力的一声令所有动物毛骨悚然,把台下众动物的瞌睡瞬间惊醒。

猫头鹰羞愤难当、无地自容,从此后,它改为夜间活动,白天则静思反省。

一天,主神宙斯的儿子赫尔墨斯神,匆忙赶路时听到猫头鹰那痛彻心扉的哭声,便停下来问它,为何事伤心。

猫头鹰见是赫尔墨斯神,便哭诉着自己的悲剧,求赫尔墨斯神使用法力改变自己的嗓音。

赫尔墨斯神听了猫头鹰的陈述,说道:"你的歌声虽然不好听,但你嗓音却可以震慑老鼠。想想看,天地万物,谁的嗓音可以做到这样?你的嗓音是主神的安排,你是独一无二的,你应该为此感到高兴,何至于哭泣!"

猫头鹰听赫尔墨斯神这样说,茅塞顿开,开心地说:"谢谢您的鼓励,我知道自己该怎样做了。"于是,它不再为自己的嗓音苦恼,专心致志地抓捕老鼠。

次次的成功,让它成为捕鼠高手。

辩证法要求我们看待事物应一分为二,很多事情没有绝对的对错之分,有的只是看法各异。

对待同样一件事,悲观的人萎靡、消沉;乐观的人轻松、快乐。虽然我们无力改变事物本身,但我们至少可以改变生子的想法和态度。消极心态可以带来消极情绪,积极心态可以带来积极情绪。

不能改变环境,那么就去改变自己。

有位心理学家曾经做过这样一个实验,他拿着一张一群青少年在沼泽地挖地的图片,让试验对象描述他看到图片时的心理状态。

这位试验对象今早刚被老婆夸完,心情正处愉悦之际。他看着图片,描述道:"看起来一切非常有趣,这使我想到了春天。春天正是万物复苏的季节,在大地回春之时劳作是生命真正的享受,是劳作者至高无上的光荣。

第二天,心理学家见试验对象耷拉着脑袋,情绪抑郁,便问及缘由。原来,他今天早晨上班时迟到,被公司罚了钱。

心理学家又拿出昨天那幅图，让他再描述一下，他歪着头看了看，说："生活真是艰辛，这么年少的小孩就要承担如此又脏又重的体力活。他们的家长怎么如些残忍?我们的社会又在干什么?真是个可怕的国度。"

同样一个人，同样一幅图片，在不同的情绪状态下，反差如此之大，真是耐人寻味。可见，一个人情绪和心态，对周边事物的影响是何其之大。

所以，我们在无法改变事物时，不妨妥协下，改变自己看法。在很多情形下，只要稍微调整一下我们的心态、看法，使自己处于良好的状态中，我们就会获得全新的感受。

她是一位自幼就患脑性麻痹症的病人，病症剥夺了她四肢的平衡感，也夺去了她发声讲话的能力。

打小生活在因肢体不便所带来的众多异样眼光中，她没有被这些外在的痛苦击败内心的奋斗精神。她迎着一切的"不可能"，始终奋发向上。

终于，她成功了，她用手当画笔，画出了加州大学艺术博士学位，也画出了自己生命的灿烂。

一次演讲会上，有个学生直言不讳地问她："请问您从小身有残疾，您是怎么看待自己的?有没有过别样的想法?"

她朝着这位学生笑了笑，转身用粉笔重重在黑板上写下一句话:我怎么看自己?

她写字时用力极大，字迹雄厚，似有不吐不快之意。

写完后，她回头冲在场的学生们笑了一下，接着又在黑板上龙飞凤舞地写着自己对问题的答案。

一、老天很疼爱我!

二、我很可爱!

三、我会画画，会写稿!

四、我的腿很美很长!

五、爸爸妈妈好爱我!

……

写完后,她回头向学生们看了看,重又在黑板上写下:"我只看我所拥有的,不看我所没有的!"笑容从她的嘴角荡漾开,她倾斜着身体站在台上,一种傲然的永不言败的神情溢满了她的脸。

"我只看我所拥有的,不看我所没有的。"是的,人生应如此。

"聪慧者不会坐在那里为他的失去而哀叹,他更情愿去寻找办法来弥补他的损失。"莎士比亚的这句名言,道出了生活真谛。

当今社会,每一个人都应具有这样的生存智慧:不能改变环境,那就改变自己看待事物的态度。在遇到不如意的事时,不怨天尤人,不消沉颓废,从中吸取教训,径直向前。

无法改变世界,我们就改变观念;无法改变事实,我们就改变心情;无法改变别人的看法,我们就改变自己的想法。

生活如是,生命亦如是。

③ 忠言未必逆耳

"忠言未必逆耳,良药未必苦口",在生活中,很多时候我们都要学会根据事物来婉转地表达自己的意见和建议。真诚是没有错的,但是真诚也要看对象、时机,否则很可能会引发相反的效果。

人这一生,很多时候都会面临这样或那样问题,可是真的所有问题都要实话实说吗?

真诚固然重要,但并非所有的事都要实话实说。有则这样的故事:将军率领一支有个将军率领一支部队出征,在行进的途中,不时遇到恶劣的天气和小股敌人袭击。

后来,将军令部队驻扎在一座易守难攻的城池。孰料,突然有一天,数倍于他们的敌人把这座城池团团围住。

被围约有半月,负责后勤的司务官跑过来,对将军说:"目前城中粮草已不多,若朝廷运送粮草的部队再不到,将士们很可能会挨饿。"

将军问他,那粮草还可维持几天。

司务官伸出三个手指,将军一拍桌子,大声说:"三个月,够了!"

司务官摇了摇头,表示不是。

将军小声又问了句:"是三十天?"

司务官还是摇摇头,小声地回答将军:"是三天!"

"三天?"将军大惊失色,因为他清楚粮草只可维持三日意味着什么。他已向朝廷派出求救兵士,他掐算过时间,救兵应该会在七天后到达。

敌人见围城半月且久攻不下,便不再攻城,放言道:"你们被围已半月有余,城中粮草最多还可坚持两三天,到时就算我们不进攻,你们也会饿死!"

将士们听到敌人这番言语,神色非常紧张,因为近日军中供应的饭菜量确有减少,慌乱情绪一时在军中四处弥漫。

将军闻听,便招来贴身谋士商议此事,有位谋士向将军提供一则建议。

将军一听,拍案叫绝,说:"就这么办!"

谋士再三让将军对计划保密,说,这件事,成败都在言语之间。

第二天,将军让将士们把鼓囊囊的袋子垒放在城墙上,自己站在袋子边,冲着城下数万敌军,高声道:"我援军不日即到,尔等胡说我军中无粮,乱我军心,睁开狗眼好好看看,这是什么?"说着,挥剑斩向身边袋子,"哗"的一声,袋子破裂,白花花的大米顺着城墙倾泻而下。

敌军见他们还有如此多的粮食,攻又攻不下,困又困不住,并且对方援军即到,于是讪讪着收拾行装准备退却。

其实城内哪有这么多粮草,鼓鼓的袋子里装得都是草糠泥沙。

负责后勤的司务官心中当然有数,他对身边的人说:"袋子里装的指不定是什么东西呢!军中粮草还剩多少,我一清二楚。"

身边的人便问他:"那到底剩多少粮食呀,将军摆放在城上的那些粮食,三个月也未必能吃完!"

司务官伸出两个手指,真诚地说:"最多两天,明天晚上,我们大家就得饿着肚子了。"

第二天,将军悄悄令众将士拾收军辎,以备晚间撤走。

天很快黑了下来。城门打开后,孰料城外敌人火把如龙,喊杀嘶叫声响彻寰宇。原来,司务官身边的那个人是敌方奸细,敌人是假装撤退。

故事中的司务官就是没有管好自己那张嘴,对身边的人说了实话,才造成一支部队全军覆没。

一些忠诚耿直的人,喜欢实话实说。但这种实话实说,又常常令他人感到过分,令人难堪。做人应须诚实,但应注意方式方法。否则,有时你的这种"诚实",反而会令你的人生充满无数坎坷。

"诚实"有时就像两头尖尖的针,不但能刺别人,而且还会刺自己。

生活中,不乏这样的人,什么事不管对的还是错的,嘴门一张,对外就吼。不过讲违心话也得要注意原则,切不可从私利出发,颠倒黑白、混淆是非。

④ 太过执著是一种负累

漫漫人生路,值得我们追求的东西太多太多,有时得失只是一种心境,心豁然了,结局其实就不那么重要了。对有些人,有些物,不妨放手,太过执著真的是一种负累!

有位哲学家说过这样的话:快乐的秘诀在于停止坚持自己的主张。人生没有完美,幸福没有一百分。有时候,执著是一种负累,放手是一种解脱。

生命就如一件事情,从头至尾,风风雨雨、坎坎坷坷,时刻都在不停变化。太过执著,一旦执著的事物破灭,信心就会丧失,人生就会黯淡。很多事,我们没必要太过于执著。该放手时放手,该修正时修正,切莫钻牛角尖,让自己消沉。

坚持是一种优良的品性,不过在有些事上,过度的坚持则会导致更大的浪费。牛顿曾是物理永动机的追捧者,不过在其进行了大量实验后,他发觉永动机就如水中月——可望而不可即,于是他很果断地退出了对永动机的研究,最终在其他方面脱颖而出。

可见,一件事,若没有成功的希望,屡屡试验是愚蠢的、毫无益处的。试着妥协一点,很多事,没必要太过于执著。人生在世,何苦为了一件没有未来的事耗费珍贵的生命呢?

有人说过这样一句话"世事如棋局,不执著才是高手;人生似瓦盆,打破了方见真空。"人生就应如此,慧眼观天下,不执拗于一点一滴。

三国时蜀主刘备,闻听二弟关羽兵败被杀,急火攻心之下遂令众将征讨吴国,军师诸葛亮屡屡进言相劝,想让刘备从长计议。

可刘备并不听谏,还下令再有规劝者,按军法处置。

刘备带着几十万大军,带着执著,带着孤注一掷,向吴国进军。

此时的刘备大军,就如射出去的箭,固执己见,执著前进。连吃败仗的吴军,看着家河山川被他人蚕食,羞愧地望着泪眼婆娑的妻儿老小。

"自尊不可辱!"吴将士们暗暗发誓。

最终,吴军将士的怒火被点燃,他们把这一股怒"火"全倾倒在刘备几十万大军身上。史书有云"火烧营地七百里,哀鸿遍野"。

试想,刘备若不坚持己见、不执著、不一意孤行,不说统一中原,最起码他不会在抑郁中早早去世。

过度的执著是顽固不化,对于理想和目标而言,我们得用发展的长远的眼光去看待。人生短暂,生命精彩,我们不妨对一些事妥协一点,妥协是为了更好的前进。真作假时假亦真;假作真时真亦假。世事沧桑,反反复复,变化无常,人生不必太过执著。

希尔达曾这样说过:"真正的解脱之道,就是找出你的模式,然后破除它,没必要一条路走到底。当你上班时,挑些不同的路走走,或者给自己换个潮流发型……不要让自己固执己见,换种方法,去尝试一些别的新鲜事!"

其实人生有许多事情总是在经历过才会懂得,就如感情,痛过了才会懂得如何保护自己;傻过了,才会明白适时地坚持与放弃。

生活并不需要盲目无谓的执著,生命的过程本就是一个不断放弃"生命"的旅程,既然终点是结束,那么行程中,我们何必还要执拗于无谓的琐事。

小韩自少年起便暗恋一个女孩。对于女孩他选择了执著的等待,因为那时的他相信,女孩一定会是自己的。

后来那位女孩嫁给了别人,可小韩始终仍在坚持。

朋友都问他:"你到底在坚持、执著什么?"

小韩想了想,说了句:"可能是为执著而执著吧!"

如今的小韩已二十有八。一天,他的一位朋友在街上遇见他,看见他身边依偎着一位漂亮的女孩,便开玩笑地问:"终于被你等到了?"

小韩一时没反应过来,稍一愣,"哈哈"大笑一声,说:"与其让自己负累,还不如轻松地放弃和面对!"他指了指身边漂亮的姑娘,接着说,"路有千条,转身或许还有更好的!"

喜欢一样东西不一定要拥有它,有时执著的追求反而会令自己身心疲惫不堪。徒劳坚持的爱,不一定纯美。年少懂得坚持已是难能可贵,适时选择放手,轻轻说声再见,把这份单纯的爱留在心底,不要让自己迷醉,不要让自己负累。

有首歌的歌词这样写道:原来暗恋也很快乐,至少不会毫无选择。从不觉得感情的事多难负荷,不想占有就不会太坎坷。不管你的心是谁的,我也不会受到挫折,只想做个安静的过客。

暗恋是幸福的,不过暗恋让人变得消沉,便会得不偿失。故事中的小韩,年少懵懂时因暗恋选择等待,一等就是十余年,大好的青春都浪费在了虚无的幻想中。不过,后来小韩懂得了"太过执著是一种负累",他选择了停下脚步。

人生何不如此,总是执著地想去做好每一件事,总是很执著地希望做到尽善尽美。可总是在到处碰壁后才发现,有时候太过执著也是一种负累。生命从起始便教会我们要懂得妥协,只有懂得妥协,懂得适时放手,生命之花才能绽放得更美。

⑤　无路可走时记得转弯

人们常常说"不撞南墙不回头",很多事,其实大可不必一味向前,有时转个弯,就是柳暗花明。

一位作家说过:"人生所走的路是一条盘旋曲折的山路,路上要拐许多弯,兜许多圈子,常常我们会觉得好似背离了目标。其实,我们总是越来越接近目标。"

做任何事,都没有固定的方法,也没有固定的途径。成功之路不会一帆风顺,遇到困难时只有懂得变通,换个方向才能使脚步继续向前,就如在海洋中行船一样,逆水行舟,不如侧风扬帆。

人生之旅,很多时候需要我们暂时绕道,走一条看起来与目标相背驰的路。面对前进方向上无法改变的困难时,不妨低下头笑笑,转身再去寻找其他路径。只要心中存有大方向,多走些错路、弯路,多兜几圈也不尽是坏事。

有位因公司倒闭而妻离子散的中年男子,在山上遇到一名高僧。

他对高僧说，自己现在已一无所有、无路可走，想让高僧为他剃度，领他进入空门。

高僧见他此时意念坚决，问道："你果真无路可走了？"

中年男子回答："是的，路已走到了尽头！"

高僧指着对面山上一条小路，对中年男子说："那条路，你看见没有？"

中年男子望着对面山上隐约的小路，说看见了。

高僧笑了一下，说："你若执意出家，那条路的尽头有一座庙宇，明天你可以沿着那条小路前去，我在寺中等你。"说罢，高僧意味深长地看了他一眼，又加了句："无路可走时记得转弯！"

中年男子拜谢而别。第二天，男子如约来到那座山，他抬头看了看隐入山林的小路，毅然决然地跨上了台阶。

许久，他终于走到了山路尽头。可尽头，除了一面雄伟壮丽的绝壁，哪有高僧所说的寺庙。

他心中恼恨高僧欺骗了他，坐在绝壁前黯然神伤。心道，我连出家都不可以，看来，我的路真已尽。

他慢慢站起身，欲走到绝壁边，了结一生。

就在他走到绝壁拐角时，一条半尺宽的小路豁然出现在他的眼前。这时，他猛然想起，高僧临别时对他说过的"无路可走时记得转弯"。

他心有所悟，沿着这条小道走到了绝壁后的寺庙。高僧果然在等他，高僧看见中年男子一脸轻松的样子，"呵呵"一笑，迎上前去。

"还要出家吗？"高僧问。

"不是路已到尽头，而是我到了该转弯的时候了！"中年人回答。

拜别高僧后，中年人再度转战商场，因为之前已有过前车之鉴，他的事业便蒸蒸日上。

很多事物都有两面性，失去也许是痛苦的，或许也是幸福的。失去了花朵，得到了成熟的果实；失去了阳光，得到了满天的星辰。

如何面对人生困境,这是几千年来,人们苦苦思索的问题。不要太在意困难,换个方法,无路可走时记得转弯,或许你就会发现"柳暗花明又一村"。

鲁迅先生曾说过:"世上本没有路,走的人多了便成了路。"路是没有尽头的,当人生处在最低谷或最失望的时候,可能会觉得没路可走,其实这时是该转弯了。

当事情无法解决时,停下脚步,给心灵一个沉淀的时间。换种角度,换条路,或许事情就会简单许多。

澳大利亚有一位农夫,在出巨资买下一片农场后发现,这片地既不能种农作物也不能养牲畜,而且地里还生存着大量的响尾蛇。

他不禁为自己这次购买行为痛悔,那怎样才能把自己损失降到最低呢?转卖给他人已是不可能,因为此事在当地已经传开。

经过日思夜想,他终于打定了主意,他把目光盯向了农场中大量的响尾蛇身上。

他的做法,令当地所有人吃了一惊,因为他不但没有杀掉农场中的响尾蛇,反而找养蛇专家进行培育。

几年后,他农场中蛇的数量,已成规模。他便联系药厂,把从响尾蛇身上取下的蛇毒卖给药厂作血清,又把响尾蛇的皮高价卖给鞋厂及制皮厂,蛇肉则自己开罐头厂,进行制造销售。

他的敏锐眼光和天才大脑,为其在无路时,另辟蹊径,终成就了一番事业。

不屈不挠的精神固然可敬,但前方若真无路时,我们唯有换个方向前进。故事中的这个农夫,花巨款却买了一块"无用"之地,这对他的打击着实严重。但他没有为此消沉,想方设法地换了一个方向,终获成功。

成功没有固定的模式,很多事需要采用转变的方法。能够根据所处环境采取变通之策,才是智慧中的智慧,才能中的才能。正如前一个故事里的中年人,如果他没有看到绝壁边隐蔽的小路,那么他就将会永远"出家"。

相反,如果在困境中记得转弯,哪怕没有背景、没有钱财、没有学历就如澳大利亚那个农夫一样,也会创下一番事业。

古人说："五行妙用，难逃一理之中；进退存亡，要识转变之道。"天下没有一成不变的事物，感觉绝望时，我们需要把目标暂时淡化，耐心地转身去披荆斩棘、遇水搭桥，只有这样，我们才能在不断前进中，一点点靠近目标。

遇到困境时，我们需要后退一步；遇到险阻时，我们不妨绕路而行。

聪明人做事，在乎的是前方总目标。在前进过程中遇到障碍时，我们不妨多转几个弯，要知道，一条道走到底的人往往都不会登上顶峰。

6 做人不可钻牛角尖儿

俗话说："水至清则无鱼，人至察则无朋。"生活中，无论是谁，如果沦落到没有朋友的地步，无疑是一种悲哀。所以，我们不但要有一双明察秋毫的慧眼，还要有一双糊涂迷蒙的"浊"眼。

做人之道在于胸襟广阔、气度雍容，为人不骄不躁、谦恭含蓄，处事不慌不乱、冷静理性。做人是一门很深的学问，很多人用尽毕生精力也未必能看破其中因果。

成功的处世之道在于为人不骄不躁，不愠不火，大肚能容容天下难容之事；拥有一颗平凡心，拥有大庸大俗的豪放与无谓。做人太较真儿，就会对很多事看不惯，甚至连只有一丝缺点的朋友都不能容下，把自己同社会隔绝开。

古代哲学家早就教育我们要"适可而止"不管做什么事都要把握好一个度，有些事不必太较真儿。

一个人若是总喜欢把任何事情打破沙锅问到底，搞得明明白白、清清楚楚，抓住一点小事就不放，非要弄个水落石出，那他还会快乐吗？

世事"本来无一物，何处惹尘埃"！说到做人，确实需要"实在"，但是真的没必要太过实在,太过较真儿。做人,首先需握好原则,不能违背良心。做人可以圆滑,但不能虚伪,内诚于心,方可取信于人。

有句谚语这样说:"如果无知是福,那么愚蠢就是聪明了!"这里的"愚蠢",其实就是我们常说的不必太过于计较,适时糊涂一下。它看似蠢笨,实则是一种超越,一种睿智,一种历经沧桑的成熟。

世上之事原本就复杂、混沌,我们也应该学会用浊眼用糊涂心去看待生活。

有一次,一个孔子率众弟子游学。走到一家客栈边时,已经身累疲乏。

孔子就吩咐一个弟子去向客栈掌柜讨点吃的,这个弟子就去了客栈对掌柜说:"我是孔子的学生,我们和孔子走累了,请给点吃的吧。"

掌柜看了看他,说道":既然你是孔子的弟子,那学识一定非常渊博。我写个字,如果你认识的话,那就可以随便吃。"

于是掌柜就在桌上写了个"真"字,这位孔子的弟子想都没想就说:我还以为是什么字呢,这也太简单了,是"真"字。

掌柜"哈哈"大笑:你连这个字都不认识还冒充是孔子的学生,遂吩咐店小二将他赶了出来。

孔子看到弟子神情沮丧、两手空空地回来,便问明缘由,就亲自去了客栈。

对掌柜说":吾乃孔子,今疲乏不堪,想在贵处讨些饭菜充饥。"

掌柜看了看孔子,说:"你说你是孔子,我怎么知道你就是孔子。我写个字如果你认识,那我们客栈的饭菜任君食之。于是又在桌上写了个'真'字。"

孔子看了看,笑了一下,说这个字念"直八"。

掌柜大笑,双手抱拳:"果然是孔子,请,你们可以随便吃。"

那个回答"真"字的弟子不服,便问孔子:"这分明是'真'字嘛,为什么念'直八'?"

孔子轻声一叹,说:"这是一个认不得"真"的时代,你非要认"真",焉不碰壁?处世学问,你还得继续努力呀!"

生活有太多的无奈,做人要学会卸载生活中的是是非非,要学会不要太过于计较。若不然,明锐的眼睛非但与你的生活和事业无益,反而会招致许多不必

要的烦恼。

　　国与国之间,况且能用求同存异来对待有争议的问题,那么我们个人,又何必斤斤计较、目光如豆,纠缠于非原则性的琐事呢!

　　对人生中的有些问题不妨妥协一下,没必要事事计较,弄得自己怨愁哀叹。

辑 8　人生要耐得住寂寞

——对失意，隐忍一点又何妨

忍耐是一种心境，面对失意，我们万不可焦躁、烦恼。生活中，很多人往往对失意太过在意，以致于整日郁郁低沉、落落寡欢。在面对挫败时，我们不妨多忍耐一分钟，因为机会是忍出来的，只有忍得了一时之气，方能得到百日之益。

① 多一分钟忍耐,就多一份收益

"一分耕耘一份收获,一分忍耐一份收益",机会往往稍纵即逝,太多的时候,成功与失败只差那么一步。那么,我们何不多忍一下,多等一秒,去迎接成功呢!

成功多来自忍耐。因为人生犹如潮水一般,有潮涨,也有潮落。在潮涨时我们要戒骄戒躁,不得意忘形;在潮落时我们要充满自信,坚定如一。

有句话这样说道:"经过多少失败,经过多少等待,告诉自己要忍耐"。一个人的成熟度,在很大程度上表现为他的忍耐程度。人的一生总不是会一帆风顺,很多时候都要学会忍耐。因为忍耐会带来力量,会带来机会。

就如拳击比赛,当一方收缩拳头的时候,另一方就会更加小心。因为对方是在积蓄力量,是在寻找更好的进攻机会。

有这样一则寓言:

两只青蛙在觅食中不小心掉进了一口大缸。缸很深,缸里少许的水中生存着大量寄生虫,这令两只青蛙痛不欲生。

有一只青蛙因不堪寄生虫的侵扰,心想:完了,完了,全完了,这么深的缸啊!于是,它不停地跃起,如无头苍蝇般,四处蹿跳。其生命就在这样的胡乱折腾中渐渐耗去。

另一只青蛙看着同伴徒劳无功地蹦跳,不断地告诫自己:天使给了我发达的肌肉和坚强的意志,我一定要跳出去。

于是它匍匐着,忍受寄生虫的扰袭,默默积蓄力量。它的力量就在它的忍耐中逐渐积攒。最后终于爆发的一跳,让它再次拥抱了自然。

而那只乱跳的青蛙,看着同伴跃出了深深的大缸,看着身边越来越多寄生虫,再也没有力气动一下。

忍耐是一帖利于所有痛苦的膏药,忍耐的过程是痛苦的,但它最终会给你带来好处。《论语》有言:"小不忍,则乱大谋。"一时的忍是为了下刻的成。春秋时有"卧薪尝胆"的故事,说的是越国被吴国打败,"越王勾践返国,乃苦身焦思,置胆于坐,坐卧即柴薪,饮食亦尝胆。"他在忍中不贪安逸,在忍中不近甘味,终于复国。

寓言中那只逃出大缸的青蛙,就是忍了一时寄生虫的侵扰,才换来自由。

孟子有言:"天将降大任于斯人焉,必先苦其心志,劳其筋骨,饿其体肤,空乏其身,行拂乱其所为,所以动心忍性,增益其所不能。"蚕忍受了茧的束缚,默默积蓄力量,最终破茧振翅高飞;蚌忍受了砂砾侵袭,暗暗抚慰,终于磨砺出圆润光洁的珍珠。因为它们都懂得:一时的痛苦,一时的忍耐是对绚丽梦想的铺垫,是对美好未来的支持。

忍耐,让生命没有不可承受之重。坚韧是成功的一大要素,只要敲得够久、够大声,终会把人唤醒的。

只有多一份坚持,多一份忍耐,你那并不比常人聪明,并不比常人高明的大脑,才有可能助你成功。忍耐与坚持是实现目标的必要条件,很多时候目标往往就在多坚持那么一下,多忍耐那么一分钟中获得成功。

比德在青年时代担任一家保险公司推销员。他每天四处奔波拜访客户,可两个月下来,连一张合约都没有签成。因为保险在当时是很不受欢迎的一种行业。

保险推销员是没有固定薪水的,比德在两个月中一份合同也没有签成,日子过得异常艰难,最后甚至连基本的生活费都没有了。

已经心灰意冷的比德就同太太商量准备连夜回老家,不再继续做保险工作了,因为老家再怎么还有房有地。

这时,他的妻子却含泪对他说:"都做了这么长时间了,再忍耐一个星期,说不定以前拜访的那些客户,现在又想签了!"

第二天,比德又重新振作精神到某位企业家去拜访。他站在企业家门边,犹豫着按了两下门吟,屋里却始终没有动静。

"不在家!"他刚想迈腿走,心里又想,何不在多等一分钟。

正在他等待的过程中,企业家回来了,原来他是出去买了点东西。终于,比德成功了,企业家签了张大单。

后来,他在演讲时多次描述当时的情形说:"我在按门铃时,之所以犹豫的原因是已经来过很多次了,再来打扰人家怕没有好脸色看。谁知,那位企业家,那个时候已准备好投保了,可以说只差合同还没签而已。假如我不去敲门,或不等那一分钟,那么现在我可能在家种着地。"

比德在签完了那张合同之后,接二连三地又签了很多以前拜访过的客户。这么多人愿意投保,给比德带来无比的勇气和信心。不到两个月,比德的业绩就一跃成为了公司中的佼佼者。

君子忍人之所不能忍,容人之所不能容,处人之所不能处。每一个富丽堂皇的建筑都是由一块块独立的砖石砌成,砖石本身并不美观,但坚持垒摞在一起,就能创造辉煌。成功的生活也是如此,故事中比德就是因为多那么一分钟的忍耐,终获成功。

无论在什么时候,我们都要知道自己要的是什么,为什么而忍耐,是在等一个机会,还是在积蓄力量。目标一定要清楚,有了目标就需朝着它奋力前进,在困难时不妨多一分等待,多一分忍耐,直至最后成功。

忍耐会使一个人具有修养及涵养的品性,社会的变化迅急,只有学会忍耐才能灵活处事,立于不败之地。

② 在强者面前更要低调

在强者面前低调些,不张扬是一种谦虚谨慎的态度,只有学会隐忍才能得到别人的赞赏。

妥协、让步、低头并不代表失败、懦弱、怕事,为了走更长远的路,只有学会不逞能,不在强者面前逞威风,才能最终得到自己想要的。

秦朝时期,北方匈奴自从被秦将蒙恬率兵击垮,很长一段时期内,匈奴不敢再南下骚扰中原,北部边疆曾经一度宁静。

秦末时,中原动乱,匈奴又南下河套地区。尤其在冒顿单于杀父称王以后,匈奴势力空前强大,对汉朝边塞骚扰更是变本加厉。

西汉初建时,刘邦面对强盛的匈奴,不得不采取措施,以应对边塞紧张的局势。匈奴的崛起,对初建的汉王朝的形成了巨大的威胁。

一年深秋,韩王信所在的马邑突遭冒顿单于围攻。韩王信面对强大的敌人,数次派人前去匈奴,要求谈判,以求和平解决。

刘邦闻听,一面发兵前往救援,一面怀疑韩王信有二心,便派人责备他。韩王信面对强敌,又遭朝廷刘邦猜忌,唯恐遭遇杀身之祸,干脆投降了匈奴。

刘邦得知韩王信投降,亲自率军征讨,汉军势如破竹,大败韩军,韩王信逃往匈奴。

面对节节胜利,刘邦高傲起来,他明知匈奴势力还很强大,却仍一心准备消灭匈奴主力。

当汉军向北进击时,前方军探回报:匈奴军队情况异常,要刘邦当心匈奴伏兵。

刘邦怒不可遏,大骂军探谎报军情,扰乱军心,下令将他关押在广武。

刘邦为逞威风,轻率先锋军队,在主力未赶到时,驰进平城。

这时,冒顿单于预设精兵埋伏,终于将刘邦包围在白登山。刘邦被围7天,粮饷供应已经断绝,情况十分危急。

这时陈平献计,派人厚赂冒顿的阏氏,阏氏于是便劝说冒顿撤兵。冒顿本就对韩王信部将王黄、赵利有所怀疑,便听从阏氏之言,刘邦这才得以解围。

刘邦撤兵南归后,匈奴对于汉边塞的侵扰更加肆无忌惮。刘邦无奈,知道敌强我弱,若强行发兵,必然还会遭遇不测。

后来刘邦从长远利益着想,一改往日唯汉独尊架势,采取了和亲政策,为汉王朝赢得了休养生息、积蓄力量的时间。

不在强者面前逞威风,国如此,家如此,做人更应如此。

刘邦因在敌人面前逞威风,被围白登山,不过刘邦也算明智,最后通过和亲来缓解敌人强大的压力。

因此,若想让自己的人生旅途一帆风顺,少些挫折,就必须要学会收敛炫耀之心,不在强者面前逞威风。这对任何人来说都是一门必须要学会的学问

有句话说得好"花要半开,酒要半醉"。人生也是一样的道理,无论你有怎样出众的才华,一定要谨记不能把自己看得太高,也不能把自己看得太重要,更不能在强者面前逞威风。

③ 不要逞一时之快

遇事先礼让别人,只有做到不以强欺人、不以势压人,忍让一时,方能在今后的生活中更好地处之泰然。

古语言"巧言乱德,小不忍则乱大谋"。意思是说,小事不忍耐就会坏了大事。当今现实生活中,人与人之间难免会有磕磕碰碰,有时候甚至还会恶语相向。

很多人常常会逞一时之快,说出或作出这样或那样让自己后悔的事情。忍,是人生的一种大智慧。有事发生时,不要逞一时之快,要稳健,以避免坏了大计。

忍可以缓解矛盾和冲突。两个人发生冲突时,只要有一方采取"忍"的姿态,主动放弃对抗,就会使冲突失去继续激化的可能,从而使冲突趋于缓解。忍可以说是一种谋略,忍耐是一种弹性的前进策略,忍一时之气,免百日之忧。

唐代著名高僧寒山问拾得和尚:"今有人侮我,冷笑我,藐视我,毁我伤我,嫌我恨我,则奈何?"拾得和尚说:"子但忍受之,依他,让他,敬他,避他,苦苦耐他,装聋作哑,漠然置之,冷眼观之,看他如何结局?"

拾得和尚说的这种忍耐,内里透着的则是勇气,是智慧。

人的一生不可能总是顺风顺水,当遇到不如意、不痛快,甚至是灾难时,忍耐往往能发挥出奇制胜的作用。

很多的时候,人们往往因小地方忍不住,从而坏了大事。

春秋时,郑灵公在位期间,公子宋是辅政大臣。

有一次,有人献给灵公一个大鼋,灵公便命下人炖肉汤招待官员们。

公子宋在边上闻听,笑着对灵公说:"每次我的食指跳动,总会尝到好吃东西,今天食指又跳动了几下,果然又尝到好吃的东西了!"

灵公听了公子宋这般不谦虚的话,就半开玩笑半认真地说:"你食指跳动而能尝到好吃的东西,知道是为什么?"

公子宋摇了摇头,灵公接着说道:"原因在我。"于是,他暗中吩咐下人,下人一听,含笑离去。

到了品尝鼋肉时刻,诸臣按官职大小,依次坐定桌前。公子宋因职位高,坐于第一位,正洋洋自得,等着第一个品尝。

谁知郑灵公却突然宣布,今天赏赐从最下席开始。公子宋知道这是灵公拿自己开心,可又找不到反对的理由,只好憋住火气。

眼见大臣们一个个都分得了鼋羹,就在侍者端着鼋羹走到公子宋面前时。

谁知,侍者向郑灵公报告说,鼋羹没有了。在众大臣面前受到如此冷落和戏弄,公子宋真是恼羞成怒。灵公见公子宋窘态,开心地哈哈大笑,指着他说:"我本来是要赏赐群臣的,谁知最后却分完了。看来,这是你命里注定不该吃鼋肉啊!你说你的食指跳动就能吃到好吃的东西,怎么不灵了呢?"

公子宋听见灵公这样说,恍然大悟,原来这一切都是灵公搞的鬼啊!

气极之下,公子宋为了挽回面子,遂不顾君臣之礼,起身走到郑灵公面前,将手探入灵公面前的鼎中,拿起了一块鼋肉,放进嘴里,反唇相讥道:"现在我已经尝到了鼋肉,食指跳动还是灵的嘛!"说罢,公子宋转身不辞而别。

郑灵公被公子宋这出言行激得怒火中烧,他当着众臣的面愤然地说:"他也太无礼了,凭借着我对他的恩惠,竟然这样羞辱我,我非得让他知道我的厉害不可!"

众臣一听,纷纷跪倒在地,连连规劝,可郑灵公仍是难消心头恨气。

此后,郑灵公便有意疏远公子宋,公子宋的地位也日渐下降。后来,公子宋因惧怕灵公真的除掉自己,干脆先发制人,在这一年的秋天暗中派人刺杀了郑灵公。

郑灵公被害两年后,其弟追查出是公子宋弑君。于是将公子宋杀掉,暴尸于野,诛其九族。

现实社会中,因一时的矛盾,失去理智,酿成惨祸的事实屡见不鲜。因此想要成就一番大事业,就必须要让自己练就"忍"功,忍受一时困苦,忍受一时不堪,让自己立稳脚跟,在忍中成就事业,在忍中攀登顶峰。

故事中的郑灵公和公子宋,就是不知忍,不会忍,最后一个被暗杀,一个被灭族。

有气理当发泄,但需权衡利弊。真正的忍,乃是修身养性,不动气,理智地对待一切。苏轼在《留侯论》里这样说过:"忍小忿而就大谋。"这是忍匹夫之勇,以免莽撞闯祸而败坏大事。

古代楚汉相争时,刘邦就因"忍"字最后夺得了天下。在最初时,刘邦势力远不及项羽,打败仗更是家常便饭。

某年,刘邦军队被项羽团团围困在荥阳,左冲右突而不得出。

而此时,刘邦大将韩信领兵却在北方屡战屡胜,连续攻克魏、赵、燕等诸国,最后还占领了齐国全境。

同年五月,韩信派手下来见刘邦,请求刘邦封他为假齐王。刘邦听了韩信的要求,气得火冒三丈,自己现在都还处于项羽军队包围中,何时能够突围都不得知,而韩信却在此时要官,这分明是胁迫要权!

于是,刘邦大骂道:我被围荥阳,日日盼望你韩信带兵增援;你非但不来,反而在此时要官位,我……

正当刘邦对来者发火时,却看到张良拉了拉他的衣角,于是便止住了愤怒的话语。张良凑近刘邦,小声说:"现在韩信手握重兵,对于他提出的要求,要慎重考虑!"

刘邦一向以坚忍著称,经过一番深思熟虑。他强压怒火,派张良为使节,带着印绶前去齐地,加封韩信为齐王,并征调了韩信的军队。

经过几年激战,刘邦凭借日益强大的军队终于在垓下将楚军全歼,楚霸王项羽也自刎于乌江。

"忍字头上一把刀。"忍有助于成就大事,当眼前冲突有碍大局和长远利益时,"忍"的态度就成为顾大局者的最佳选择。

刘邦正是以他这种难忍之忍的作为,最终改变了历史的格局,成就了一方伟业。

"忍一时之气,免百日之忧。"人,贵在能屈能伸。忍是一种气度,有修养的人,从来不会因毫无意义的事而发火动怒。生活中的智者,大抵都能有忍的智慧。

一个人要想培养出高尚的情操,则必须学会在小事上有所忍让。

4 忍是一种领悟

忍是一种雅量,也是一种策略。生活中,有气度有涵养的人从来不会因毫无疑义的事而迷失自己。

人的一生有很多事,需要我们去忍,只有学会忍,懂得忍,人生才能得心应手,才能奋发向上。一个不知道忍的人,就像拧上发条的机器,直到生命耗竭。有句这样的话:有所忍,必有所不忍。明忍,始易明不忍。是故忍界其实也是不忍之界。

一个人要想大有所为,目光不能短浅,心胸也不能狭窄,只有做到暂时隐忍,人生才会有所作为。凡事应以忍为贵,有人说"忍的功夫有多大,事业也就有多大"。

有则这样的故事:

一群人去江边钓鱼,多数人扛着渔竿,东游西逛,四周寻觅。看见这个位置不错,就坐下垂钓。看见那个位置好,就又跑去那边下钩。

只有一个人默不作声,长时间地在一个地方垂钓。

朋友问他,为什么不换个位置。他说:"机会是忍出来的,四处乱跑者是被钓的鱼。"朋友就笑他,说他这是在浪费时间和精力。

没过多久,这个人终于钓上了一条罕见的大鱼。

孟子所说："天将降大任于斯人也，必先苦其心志，劳其筋骨，饿其体肤，空乏其身，行拂乱其所为，所以动心忍性，增益其所不能。"故事中这位钓到大鱼的人，正是在长久的等待中忍出了机会，忍出了成功。

有长远见识的人始终会把实现理想的主动权牢牢抓在自己手中，尽管在此过程中会失去一些蝇头小利，但终能成大器。

周文王忍受拘禁，而演绎出《周易》；孔子忍受陈蔡绝粮，而写成《春秋》；屈原忍受被放逐，而作成《离骚》；左丘明看不见光明，而写成《国语》；孙膑被弄残，而作成《孙膑兵法》。"

能忍常人难忍者，方是真英雄。历史告诉我们，前功的道路上充满荆棘，所以在拼搏时我们需要有很强的忍耐力和很高的抗挫力。

忍是一种眼光，是一种胸怀，是一种领悟。

只有学会忍，人生才能在多难中成长，才能在磨难中奋进。

西汉时期，写著不朽《史记》的司马迁在而立之年时，却发生了一件大事。

射箭穿石的将军李广之孙李陵谦和仁爱，并继承了李广的英勇，能骑善射，有着万夫不挡之勇。

汉武帝很喜欢他，当时，匈奴时常扰乱边疆，武帝就命李陵出兵征讨。李陵领命出征，不料却中了匈奴诡计，兵败如山倒，无奈，最后中得假装投降了。

堂堂将军投降，这对武帝来说简直是奇耻大辱，满朝大臣纷纷上谏，说："李陵有罪！"

司马迁深知李陵勇敢、善战、爱部下，所以当汉武帝问他意见时，司马迁很坦诚地说："李陵投降必有原因，说不定是一种计谋也未可知。现在朝廷中有许多人讲李陵的坏话，只是因为他平时不善于与人打交道，不会巴结，不会依傍。就算他是真投降，无论如何，他已杀了那么多匈奴，对国家还是很有贡献的。"

汉武帝听到司马迁这样为李陵开脱，大发脾气，认为司马迁不但在为李陵讲情，更是在讽刺其他大臣，就立刻把他关入了牢房，并处以官刑。

司马迁受到了这种奇耻大辱，本想一死了之，可他想起父亲司马谈的遗言，又想到史书还未完成，化悲痛为力量，站起身来说："死有重于泰山，有轻于鸿毛。自古以来，只有最不凡的人，才能忍辱偷生，发奋著作，永垂不朽。"

在狱中，他发奋著作。武帝后来想到司马迁以前种种好处，也深怪自己太武断，就把司马迁放了出来，官复原职。

最终司马迁以广博的学识，锐利的眼光，丰富的体验，雄伟的气魄，写下了一百三十卷的《史记》。这是中国历史上最伟大的史书，也是后代正史的蓝本，司马迁为中国历史作出了不可磨灭的功绩，名垂青史。

人生若要想获得成功，一定要学会忍受，学会弹性的生存法则。司马迁就是在遭受大辱后，没有放弃生命，等到了释放机会，终取成功。

机会总是留给那些懂得能屈能伸，懂得忍受屈辱的人。人的一生总会遇到低潮，遇到低潮，学着妥协，暂时委屈自己，认准人生目标，坚持走下去，定会有所成就。

⑤　成功需要耐心等待

凡事都不可能一步到位，要想成为强者，必须学会韬光养晦，只有耐心等待，才能一鸣惊人。

耐心等待是一种心平气和的隐忍，是一种坚韧不屈的企盼，更是一种傲然奋发的韬略。我们需要学会耐心等待，需要在耐心妥协中发现机会，由弱变强。

耐心等待也是人生的一种智慧。孩子从幼年到成人，需要耐心等待；种子从播下到丰收，需要耐心等待；日日辛勤努力到功成名就，也需要耐心等待。所以，想要让自己站到成功巅处，必须要学会耐心地等待。

若想成为强者，除了要有坚定的意志外，更需要有一种善于等待时机的智慧。任何事都不可能一蹴而就,凡事一步到位,都只是一种美好的愿景。耐心等待是一种值得称赞的品质,不过耐心等待不是让我们静止不动,而是要让我们学会蛰伏汲取营养,以便"不鸣则已,一鸣惊人"。

《等待戈多》是塞缪尔·贝克特的荒诞剧,它一经问世便引起巨大的轰动。剧中的神秘人物戈多直到最后都没有出现,而那两个流浪汉则日复一日充满希望地在等待着他……

在现实生活里,很多时候,很多事情,都需要我们等待,等待瓜熟蒂落、水到渠成,等待雨过天晴、云开日出,等待最后成功的降临。

在北宋仁宗年间,王曾、吕夷简两人是当朝宰相,时任参知政事的则是宋绶、蔡齐、盛度三人。

按北宋官制,参知政事有副相职权。但是蔡齐和宋绶二人因分别得到王曾和吕夷简赏识,因此也颇受众臣尊重。

相比之下,也任参知政事的盛度境遇就差许多。他因不会阿谀奉承,不会溜须拍马,宰相王、吕对他都不太重视,使他成了一个有职无权的人,朝廷文武百官看宰相不善待盛度,也都没把他放到眼里。

为此,盛度的朋友教导他说:"你虽居高位,但却有名无实。想要有所成就,你必须打通王曾、吕夷两位宰相的关系。"

盛度想了一下说:"二位宰相不喜欢我,我深知,不过目前我只有耐心等待。总有一天,我会证明给他们看。"

虽然王曾、吕夷简对他态度仍是傲慢,但盛度心态却非常好,在他们的面前仍是十分恭敬。在百官面前,他也非常谦逊,说:"我这个人水平不高,难担重责,如有要事,你们可直接向两位宰相报告。"

有一次,宋绶约蔡齐同去拜见王曾,却对身边的盛度不闻不问。盛度回家后,心里很不是滋味,说:"同为参知政事,宋绶竟当面侮辱我!"

他的门客听后很生气,就说:"大人为何要咽下这口气?何不与皇上讲明,他们结朋缔党,不利朝廷,皇上不会纵容他们的!"

"他们结党,我又没有真凭实据,皇上怎会轻易相信?再说,如果他们反咬我一口,我就危险了。现在,我只能观望。"盛度低头冷笑一声。

宋绶、蔡齐见盛度对他们非但没有反感,反而十分客气,如同他俩的属官一样,不觉对盛度放松了警惕。

王曾见盛度为官碌碌无为,就想罢免他的官职,可宋绶和蔡齐却表示反对。他们说:"大人不喜欢盛度,不必非得赶他下台。他这个人很识趣,从来不和我们争权,自然也给大人少了许多麻烦。假若换一个较劲的,惹大人生气不说,恐怕很多事上都别扭,这又何苦呢?"

王曾想了想,就接受了他俩的建议。盛度闻知此事,连连拜谢宋绶和蔡齐,并在表面上对他们更加恭敬。

有一次,仁宗问盛度:"你是国家重臣,凡事要坚持正义,听说有人排挤你,不听你言,有这事吗?"

盛度一愣,坚定摇了摇头,说:"根本没有此事,皇上不要偏信。我知道自己的能力不济,所以凡事都与同僚相商,这也是怕逞强误国啊。如果这样不对,就只能怪我愚钝了。"

后来,王曾和吕夷简产生矛盾,二人越斗越凶,最后竟同时向仁宗递上奏章,请求退职外任,以示不能并立。

仁宗对此十分惊诧,疑窦丛生。一日,仁宗突然召见盛度,问他:"二位宰相同时提出外任请求,你知道其中的原因吗?"

盛度见时机成熟,便开口道:"二位宰相大人心中所想,臣也不大清楚。但是,为臣有一方法,若皇上采纳,一切应该就会知晓。"

仁宗见盛度话里有话,就催他快说。盛度故作迟疑,慢吞吞地说:"听说二位宰相各有朋党,他们的争斗也与此有关。皇上若真想查明,可询问他俩谁可做他们的继任,真相就会明了。"

仁宗脸色一沉,恼怒道:"如果是这样,就太让朕失望了!"

后来,仁宗召见王曾和吕夷,向他们提出这个问题。王曾、吕夷简二人不加防备,王曾力谏蔡齐,吕夷简推出宋缓。同时,二人又对对方推荐的人大肆攻击。

仁宗一怒之下,同时罢免了他们四个人的职务。而后,又命盛度主持朝政。

忍耐不仅是一种磨炼,更是一种意志力的体现,是一个人与环境、事物相抗的心理因素、物质因素的综合。

一个人由弱变强的过程,就是经验积累和心智磨炼的过程。在成长过程中,当遭遇困境无计可施时,不要一味鲁莽向前,因为每一份成功,都需要经过漫长的等待和煎熬。

忍耐的终点是柳暗花明,今日的忍耐是为了明日更大的成功。

辑9　别把自己逼上悬崖

——对冲突，退让一点又何妨

> 松柏不争一时长短，在大雪时妥协弯腰，才能在雪后傲然挺立；小草不计长久忍耐，在秋冬时低垂蛰伏，才能在暖春来临时抖擞精神。面对毫无意义的冲突，还是退让一点好。

① 正面冲突对人对己都无益

人们常说"与人方便,与己方便",在面对矛盾时,我们不必强行争个高低,论个长短,不妨后退一步,正面冲突于人于己都无益处。我们要尽量避免和他人发生正面冲突,因为冲突到了最后不管是你胜还是他胜,都会给今后埋下一个严重的祸根。

杰明·富兰克林说过一句这样的话:"如果你辩论、争强,你或许会获得胜利,但这种胜利是得不偿失的,因为你永远无法得到对方的好感。"因此,我们在面对无谓的冲突时,只要把话说在明处,见好就收即可。

在面对正面冲突时,不妨留有余地给他人,将矛盾化解,手下留情,适可而止。这样,对方也会感受到被受到尊重的感觉,从而不与你争执,把可能到来的更大冲突化解。

美国总统林肯有一次看见下属和他人发生激烈争吵,他斥责下属道:"任何决心有所成就的人,决不会在私人无谓的争执上耗费时间。因为争执的后果,不是他所能承担得起的。要在跟别人拥有相等权利的事物上,多让步一点;在显然是你对的事情,就让得少一点。与其跟狗争道,被它咬一口,不如让它先走。因为,就算宰了它,也治不好你的咬伤。"

一个人必须要像避免战争或毒蛇那样避免争论,因为你永远不可能从争论中取得胜利。假如你争论失败,那么你肯定是失败了;假如你得胜,那你还是失败了。这是因为,就算你将对方驳得一无是处、自惭形秽、低人一等、体无完肤,那又能怎么样?你伤了他的自尊心,即使他表面上不得不承认你胜利了,但是他内心里从此埋下怨恨的种子。

有家保险公司为他们的推销员立下一条规则："不要争论！"因为真正有效的推销，不是靠争论得来的。

古人说："恨不消恨，端赖爱止。"意思是说，争强疾辩不可能消除误会，只有靠技巧、协调、宽容以及退让才能化干戈为玉帛。

卡尔在参加宴会时，坐在他左边的一位先生讲了一段笑话，笑话里引用了一句"谋事在人，成事在天"。

他说这句话出自《圣经》，但卡尔却知道正确的出处，为了表现自己知识丰富，卡尔立刻纠正了他。

那人见卡尔指出他的错误，立刻反唇相讥："什么，出自莎士比亚？不可能，绝对不可能！我很确信它出自《圣经》！"

在座的还有卡尔的老朋友弗兰克·格蒙，他研究莎士比亚的著作已有多年。于是，卡尔向格蒙请教。格蒙在桌下踢了卡尔一下，笑着说："卡尔，你错了，这位先生没说错，《圣经》里是有这句话。"

回家的路上，卡尔愤愤不平地质问格蒙："弗兰克，你明明知道那句话出自莎士比亚，为什么说我错了？"

"我当然知道它出自莎士比亚。"格蒙拍了卡尔的肩膀，"是《哈姆雷特》第五幕第二场。可是亲爱的卡尔，我们是宴会上的客人。你指出他的错误，他就会喜欢你吗？为什么不给他留点面子呢？应该永远避免跟人家正面冲突，正面冲突对人对己都无益！"

之后，卡尔又听过、看过、参加过、也批评过数以千次的争论，最终他得出这样一个结论：停止争论，是世上唯一可以从争论中得到最大利益的方法。

在这个竞争激烈的社会，我们要时刻警惕与他人发生正面冲突，以免把自己逼到墙角。凡事留有余地，给自己留有一定"修正"的空间，让自己收放自如，在适度和完美间找到平衡。

② 妥协是为了更好地前进

妥协亦指忍让,面对困难,我们不妨忍让一下,因为强行争利只会使矛盾加深,使问题变得更加复杂。

妥协不是没有骨气,它是一种修养,是一种适当的忍让,也是一种以退为进的态度。

解决问题有两种方式,一是妥协,二是斗争,从哲学角度来讲是处理矛盾的不同方法。当今社会,妥协往往是解决问题、处理矛盾最有效、最常用的方式方法。

正如兵法有云:"以退为进。"妥协是为了更好地前进。

太阳和风在争论谁的力量强大,这时正巧有一位穿着外套的女子经过,风就骄傲地对太阳说:"我们来打赌,看看谁可以更快地让她把外套脱下来。"

说完,风开始猛烈地对着女子吹,希望把女子的外套吹下来。但是它越是用力吹,女子越是把外套裹得更紧。最后,风向太阳摊了摊手,表示自己已无能为力。

这时,太阳从乌云后走了出来,它高傲地看了一眼女子,铆足劲地把炙热的光芒刺向女子。女子开始擦汗,慢慢地解着外套上的纽扣。太阳骄傲地看了一眼风,更加用尽浑身的热量想让女子快点把外套脱下。

谁知,女子停止了脱外套的手,任凭汗水从身上溢出,因为她害怕毒烈的阳光把她的皮肤灼伤。

太阳见女子没有脱下外套,正要发怒,却转念一想,妥协地收回了炽热的阳光。风见太阳收回炽热的阳光,正要打趣它,只见太阳换了一股暖阳阳的光芒照向女子。

不一会儿，女子便脱下了外套。

寓言告诉我们，温和友善往往比激烈狂暴更能解决问题。锋芒毕露、好勇斗狠，只能是昙花一现，风光片刻。真正懂得适当妥协的人，才是令人敬畏的智者，正如积蓄力量的洪水，一旦拥有不可阻挡的力量，巨大汹涌的洪峰将会冲垮一切。

恰当的妥协也是谈判过程中解决问题的一种温和而友善的手段，实际上谈判就是智慧与实力的较量，是谋略与技巧的角逐。

20世纪70年代，日本经济快速发展时，名古屋著名的格木电力公司因没有处理好废水问题，致使大量海洋生物死亡。

这严重影响到渔民的生计问题，愤怒的渔民闯入了公司，要求格木电力公司赔偿他们的直接和间接损失并减少对环境的破坏。

其实格木电力公司也一直致力于减少环境的污染，但是由于成本支出太大，格木电力公司只能选择将废水直接排入海洋。

事件平息后，格木电力公司只得采用低硫燃料以减少对环境的污染，不过这样一来，造电成本却大大地提高。电价上涨后，用户包括电力公司周围的渔民们纷纷怨声载道，抗议电价上涨。

格木电力公司左右为难，又想到建核电厂以改变僵持的局面。但电厂附近的居民又怕核辐射，坚决不同意。

格木电力公司陷入了进退维谷的境地，不过，逃避根本解决不了问题，格木电力公司只能迎难而上。

于是公司作出妥协，派有关人员首先耐心倾听了渔民们的意见，然后对渔民们的损失表示同情，还主动向渔民们表达公司的歉疚之情。

公司人员又向渔民们说明公司现在的难处及公司将会采取种种措施以改变目前这种局面。最后，渔民们谅解了他们暂时的缺点和不足。

妥协有时看似软弱，但它比针锋相对的短兵相接更有力度，强硬往往只能使对方表现出更加尖锐的对立态度，而以妥协方式来解决问题，对方往往会被你的温和所软化。

只有懂得妥协、知道让步的人，才会虚怀若谷，心胸宽广，才会懂得博爱，包容一切。"海纳百川，有容乃大"，当今社会，只有懂得妥协，才能无往不胜，无往不利。

一家运营八年的日化公司濒临破产，公司员工纷纷跳槽转投他处，销售部经理也在为自己的前途担忧。

这时，另一家知名的日化公司有意聘请他去担任销售经理，并预约了见面时间。

见面后，这家知名的日化公司人事部经理向他介绍有关公司的情况。谈到薪水时，局面陷入了僵局，按照销售经理的想法，公司付给他的底薪最起码每月5000元，因为他在旧公司上班时的底薪就是这样。

而新公司只同意付给他3000元底薪，因为他刚进公司，什么都不熟悉。

就这样，他们谈至最后，谁也不肯作出让步。最后，销售经理只好遗憾地告诉人事部经理，他不会接受公司的条件。为了答谢这家公司对他的邀请，他向公司推荐一名同事，这名同事也是非常优秀的销售人才。

后来他得知，他的这位同事竟然接受了公司把底薪降至2000元，要知道他在前公司，底薪可是3500元。

销售经理非常困惑。一年后，这位销售经理再次遇到他的这位同事，现在他的这位同事已经是这家公司的副总经理了。

"当初你怎么会接受那么低的底薪呢？"销售经理问现在已是副总经理的以前同事。

同事笑笑，说："其实我也据理力争过，只是他们寸步不让，那我只好妥协了，因为我知道这一切只是暂时的。"同事说话的语气格外轻松。

而这位经理此时心里倒觉得沉甸甸的，似有一些惭愧，也有一些后悔。

妥协有时候可以理解为"退一步海阔天空"，也可以理解为求同存异。妥协是为了达到总体目标而采取的分阶段、分步骤的策略。妥协是一种智慧，也是一种策略，更是一种手段，要想解决问题，必须懂得妥协，学会妥协。

哲学上讲,世间万物都是对立统一的,妥协就是要达到相对的平衡与统一,从而克服困难、解决问题,以利事物向前发展。

③　无谓的意气之争要不得

无谓的相争,绝非良策,只有学会审时度势,懂得让步,才能在退却中寻找合适的机会,获得成功。

松柏不争一时长短,在大雪时妥协弯腰,才能在雪后傲然挺立;小草不计长久忍耐,在秋冬时低垂蛰伏,才能在暖春来临时抖擞精神。身处弱势时,若不计后果地进行抗争、逞匹夫之勇,最终将会落得惨淡下场。

小时,我们都听过这样一则寓言:

鹬,一种水鸟;蚌,是一种贝类。

有一天,蚌从沙石里钻出来晒太阳,正当它打开壳,对着太阳得意洋洋时,却被一只在天上飞的鹬看见了。

鹬见蚌裸露在外的肉,便从天上急速地飞了下来,一下叨住了蚌的肉。

蚌一疼,情急之下连忙合上两扇壳,把长长的鹬嘴夹在了壳中。

鹬低鸣着说:"赶快把我放了,不然的话,今天不下雨,明天不下雨,就会干死你!"

蚌也对鹬说:"今天你的嘴出不去,明天你的嘴出不去,就会饿死你!"

场面陷入僵持,鹬飞不起来,蚌也不肯松壳,双方意气用事,都不肯放弃。这时,一位渔夫经过这里,便把它们都捡了回去,蒸炒吃了。

这就是"鹬蚌相争,渔翁得利"的故事。鹬和蚌因意气之争,白白送了性命。寓言告诉我们,无谓的相争只能让自己失利,让他人得益。

做人不可争无谓的意气。当我们向自己的理想和远大抱负前进时,切莫因一时的争执破坏周边的人际环境,那样对我们的发展是没有任何益处的。

富兰克林说过:"如果你老是抬杠、反驳,也许偶尔能获胜,但那只是空洞的胜利,因为你永远得不到对方的好感。"

我们在与他人交往的过程中,要想成为他人所欢迎的人,就必须学会适当地不争,不要对方有一点不对,就刻薄尖锐地指责出来。无谓的争论,有可能引起他人的嫉妒,触及他人的痛处,会给自己的生存与发展制造阻碍。

日本有位名叫山本的人,他受的教育不多,但总是爱抬杠。

他当过林场管理员,但为了林场树木砍伐的问题与领导发生争执,后被辞退。失去工作的山本,来到东京,在木村房产找到了一份销售楼房的工作。

有一天,他来到经理的办公室求助经理,因为在他工作的这两个月,他一份单子都没有卖出。

经理便向他提了几个简单的问题,发现他老是跟顾客争辩。如果对方挑剔他卖的楼房,他便立刻涨红脸大声争执。

山本自己也承认他在口头上赢得不少的辩论,但是最终还是没能赢得顾客。他对经理说:"在和客户辩论中,我常常说服客户,可是客户终究还是没有买。"

经理告诉他,以后你要是还想卖出房子的话,那就需要学会如何自制,避免与客户发生口角。

现在的山本已是东京木村房产的明星销售员。那他是如何成功的?

山本在一次演讲时说:"如果现在有一位客户来看房,客户说:'什么?木村房产?你白送我都不要,我要的是井田房产。'我会说:'先生,井田房产确实不错,买他们的房子错不了。'"

山本顿了顿又继续说:"这样客户就无话可说,没有抬杠的余地了。如果他说井田的房子最好,我同意他的意见,那他只有闭嘴。因为他总不能在我同意他的看法后,还说一下午的'井田的房子最好'。接下来,我们就不再谈井田,而我则开始介绍木村的优点了。"山本朝台下的听众笑了一下,又说:"当年的我如果听到他说那种话,我早就气得火冒三丈了——我会挑井田房子的毛病。而我越挑剔井田的房子不好,客户就会越说它好,争辩的结果就是,客户对井田的房子印象更加深。"

争论解决不了问题,争论的结果常常会令对方更加相信自己的正确。即使对方一时口头服软,但他心里却仍然坚持。所以,很多时候,意气之争要不得。适当妥协一下,真正能说服对方,不是争论。

就如故事中的山本,曾经争辩获得的胜利,只是虚无的胜利;最终的不争所得的好感,才是真正的胜利。那么,我们自己要衡量一下,是要那种表面上、外在的胜利,还是要别人内心对你的好感。

只有好感被建立起来,对方才能用心听你述说。一位政治家以多年政治生涯获得的经验,说了一句话:"靠辩论不可能使无知的人服气"。

柔软、缠绵是一种艺术,挺拔、不屈也是一种艺术,适时地妥协不争更是艺术中的艺术。对于矛盾,我们可以适当地辩护一下,辩论无果,我们不妨妥协弯一下腰。放弃争论,不是倒下,而是通过当前的妥协以求今后的成功。

无谓争执百害而无一益,一时的妥协示弱,为的是在往后的日子里能继续挺拔向上。

④　别把自己的意愿强加给别人

上天不会创造出同样的两个人,社会正是有了你我的不同,方才绚丽多彩、精彩纷呈。

《论语·颜渊》里说"己所不欲,勿施于人。"其义大致是:对于自己不喜欢的东西或不想干的事情,不要要求别人去喜欢,也不要要求别人去做。反之,亦然。

然而在现实社会中,很多人都不能恪守这一信条。一切以自己利益为中心,只顾自身感受,忽略他人,从而导致出许许多多的负面影响。

每个人都有自己的喜好,喜欢一样东西固然很好,但也要允许不喜欢的东西存在。何况,一样东西,不会因为你的喜恶而存在与否。

要允许别人跟我们有不一样的想法,不一样的个性,不一样的生活方式。假如我们因为自己的好恶而或喜或悲,那必定会损害到自我的健康。

一位学者认为,对生活作出种种的设置是每个人特有的品性。他认为世界上只有两类人:一种是想要干涉别人生活从而设置别人生活;另一种是对被他人设置的生活处之泰然的人。

当今社会,很多人总是希望他人按自己的意愿和喜好去生活,以为自己喜欢的别人就喜欢。殊不知这样不仅会伤害到他人,有时甚至还会伤害到自己。

有一位父亲,自己曾经是长跑运动员,因为种种原因年轻时数次与冠军失之交臂。有了儿子后,他就希望儿子能替他完成心愿。

在这样强加的意愿下,儿子不得不在几岁时就开始接受"魔鬼训练"。在他8岁时,父亲竟然准备让他参加奥运会。

为了参加奥运会,父亲的行为更加偏执,把儿子的运动量加大到了极限。

儿子哭闹过,反抗过,离家过,但其父亲的"信念"始终没有改变。

在这种残酷的挑战生命的极限过程中,与儿子同龄的孩子身高一年比一年蹿升,但儿子的身高总是落后他人。

后来,有专家说,儿童正是长身体的时期,极限的运动量会给儿童的身体带来严重的损害。

为此,那位父亲懊恼不已。

现实生活中,做父母的时常会有意或无意地把自己未完成的心愿让孩子承担起来。这对孩子是不仅是一种压力,更是一种摧残。

很多作为父母的,甚至会把自己一生的遗憾都寄托在孩子身上,不管孩子的想法与意愿,逼着孩子往自认为正确的路上走。即便孩子不喜欢,不适合,也强行施加。

故事中那位父亲,因自己在年轻时与冠军无缘,所以把自己的意愿强加给儿子,导致儿子逆反,身体受损。从中,我们并没有看到儿子丝毫的快乐,看到的只是其父偏执做法背后掩饰的虚荣和病态。

马克思主义哲学里说:规律是客观存在的,不以人的意志为转移。世界的美丽,源于它有春夏秋冬、高山河流、大海沙漠、白天黑夜……总之世界因它的丰富所以有着无穷的魅力!

人生亦是如此,有成功失败、有悲欢离合、有生老病死……所以才有着它无限的精彩。

一个自我意识过强,总喜欢把自己的意愿强加在别人身上的人,生活得肯定非常疲累。

每一个人都有自认为正确的生活方式,每一个人也都有自以为可以让自己开心的事情。

有人居草堂,庭院鸡鸭乱跑,墙壁四面透风,但他悠闲自在;有人出门开车,坐的士,乘地铁,还叫苦喊累;有人住高楼,上下电梯,四季空调,却天天喊烦闷。

台湾作家三毛曾说过:我想有一间自己的书房,不要有窗,也不必太宽敞,只要容得下一桌一椅一台灯即可。桌上放一叠书,灯下是一个真实的人,听得见自己的心跳。

每个人都有每个人的自由,如同你追求繁华熙攘的生活,他人却追求宁静淡泊的日子。

任何人都有自己的人生旅程,都有自我的意志意愿。所以,没有人有权利干涉别人的想法和让别人按自己的意愿去生活,即便是父母。

人应该具有宽广的胸怀,待人处事之时切勿心胸狭窄。倘若自己把所喜欢或讨厌的事物在他人不愿意的情况下硬推给他人,不仅会破坏与他人的关系,更会将事情弄僵而不可收拾。

有则这样的故事:

有一位国王,别人送给了他一只非常罕见的小鸟。国王很是喜欢,就将它关在一个黄金制造的笼子里,上面缀满钻石、红宝石和碧玉。

国王每天吃饭时,都要把自己喜欢吃的山珍海味、喝的威士忌、伏特加喂给这只小鸟。国王认为这些是他所能给它的最好的东西。

小鸟对这些美酒佳肴不感兴趣,因为它只喜欢吃一些谷类,喝一些纯净的泉水,在无垠的苍穹间欢唱飞翔。

最终,小鸟被国王的"好心"害死了。

我们可以有不同的意见,这没有问题,但是要记住对你而言很好的事物,对他人不一定也很好。

正如故事中的国王,他若是真的爱这只小鸟,就应该放它自由,让它过着一般小鸟应有的生活。

大海不择每一条河流,无论清冽或混沌,所以它才能浩瀚无比;天空收纳每一片云彩,无论美丽或丑陋,所以它才能广阔无比;高山不弃每一块岩石,不论巨大或粒微,所以高山才能雄伟壮丽。

人与人之间的交往也应该坚持这种原则,每个人都有自己的处世哲学、人生观和价值观。人生在世除了要关注自身的存在以外,还得关注他人的存在,人与人之间是平等的,只有多尊重别人的想法和意见,才能使自己的想法和观点得到别人的认可。

辑 *10*　生命的坦然在于平和

——对怨怼，心宽一点又何妨

　　生活当中，我们难免会与别人发生误会与摩擦，如果很在意这些，就会轻易仇恨；仇恨的火苗悄悄燃烧，会慢慢地烧毁了我们的人生。何不用宽容的海水将仇恨的火苗浇灭，多一个朋友总比多一个敌人要好。

① 克制、容忍是立身之本

有一次,大文豪歌德在公园散步,公园里面的小路非常狭窄,可谓是冤家路窄,在小路上偏偏遇上了一个对他心存敌意的评论家。于是,他们彼此都停下来看着对方。评论家先开口:"我是从来不会给一个傻瓜让路的!""但我会!"说完,歌德退到一旁。克制、容忍是低调为人的一个重要表现。

遇事克制、容忍一点,如果是你有理,则更能体显出你的素养,对方才能知趣而退;如果是你没理,可以证明你清醒地认识到自己的错误,表明你是一个知书达理、具有自知之明的人,对方也不会去伤害你。有的人吃了一点小亏就容忍不得,会像泼妇骂街那样大声叫嚷,这样去做,无疑会令人生厌。因此,不管遇到什么事情,克制、容忍一点,不会有什么坏处。

韩琦是北宋时期著名的宰相,曾同范仲淹一道共主新政。

有一次他夜间伏案办公,一名侍卫在一旁拿着蜡烛为他照明。夜已经很深了,侍卫打了一个小盹,结果不小心走了神儿,蜡烛烧了韩琦的头发。

韩琦急忙用袖子蹭了蹭,什么也没有说,便又低头写字了。过了一会儿,他一回头,发现拿蜡烛的侍卫换人了,于是赶忙派人去召那个侍卫,因为韩琦担心那个侍卫会因此遭到长官的责骂。

不一会,那个侍卫和他的长官就来了,韩琦当着他们的面说:"不要把他换掉,因为他已经懂得了怎样拿蜡烛。"

军中的将士们听说这件事后,没有一个不感动佩服的。

韩琦在镇守大名府时,有人曾献给过他两只精美绝伦的玉杯,堪称是稀世珍宝,他赏给献宝人许多银子。

对这件宝贝,韩琦爱不释手。每次大宴宾客时,他总要专们摆上一个桌子,把宝贝放在上面,让宾客们饱饱眼福。有一次一个官吏在赏玩时,一不小心失手了,把宝贝摔了个粉碎。

在座的官员们都呆住了,那个不小心打碎宝贝的官吏趴在地上请求治罪。韩琦却一点也没在意,笑着对宾客说:"大凡宝物,是成是毁,都是有一定的时数的,该有时它就出来了,该坏时谁也保不住。"然后,又转过脸对趴在地上的官吏说:"你是偶然失手,并非故意的,何罪之有呢?"

众人听后,无不赞叹,而那个官员更是感激涕零。

按理说,侍卫拿蜡烛照明时打盹,不留神把宰相的头发烧了,本身就是一种失职。可是韩琦非但没有责备一句,就连挨烧时"哎呀"一声也没有喊。他不仅忍着疼痛没有吱声,后来发现侍卫换人了,还在担心侍卫会因此而受到责骂,并极力为其开脱。无疑,他这种克制容忍的做法肯定要比批评和责罚更能让将士们心悦诚服。

我们经常说"宰相肚里能撑船",宰相的气量之所以如此之大,正是由于他们日理万机,管事多,气量一定要大。再者,他们站得高望得远,原本以为是大事的,现在一看,也算不上什么大事,也就不会再去计较。明白了"不忍不耐,不能做大"的道理,我们就能约束自己,比以前更能克制、容忍了。

古代有个叫娄师德的人,气量过人,一次一个无知的人指名辱骂他,他就装着没有听见。有人转告他,他却说:"恐怕是在骂别人吧!"

那人又说:"可他嘴里明明喊的是你的名字!"娄师德说:"天底下同名同姓的人多了!"那人还在为他抱不平,他说:"他们要是骂我的话,你再加以叙述,这等于是重复骂我了,我真的不想劳你大驾。"

还有一次入朝时,他因为身体肥胖行动迟缓,同行的人挖苦他说:"你好像一个田舍翁"娄师德听后,自嘲着说:"我要是不当田舍翁,谁去当呢?"

我们立身处世如果不能克制、容忍,就无法让自己活得平和静怡。世间有两类人,他们拥有相同的生活条件,可一类人是幸福的,另一类人却不幸福。幸福与否取决于他们看待人和事物的不同观点,以及这些不同观点作用于他们自己的头脑所产生的效果。整天为琐事所困,当然无法获得幸福。所以,不必为许多琐事斤斤计较,忍让克制一点,才能活得更加幸福。

要想拥有克制容忍的气量,关键要靠三点:一是宽阔的胸襟,心胸坦荡,虚怀若谷,闻过则喜,有错就改;二是平等的待人态度,保持一颗平常心,平视他人,尊重他人;三是宽容的美德,能够宅心仁厚,容人之过,绝不能斤斤计较,睚眦必报。

"海纳百川,有容乃大",有很多人把它看成是自己为人的准则之一。如果无论什么是非都去计较的话,恐怕我们就没有办法生活了。现实生活中,不妨把心胸放宽一点,也许我们没有宰相那么大的肚量,不过相信心胸如果宽一点,幸福的道路也会宽一点。

② 宽容,将你升华到更高的境界

生活当中难免会与别人产生误会、摩擦,可如果你很在意这些的话,就会轻易仇恨,仇恨的火苗会悄悄燃烧,最终会烧毁我们的人生。所以我们一定要用宽容的海水将仇恨的火苗浇灭。只有这样,我们才会少一分烦恼,多一分机遇。宽容是和谐的一剂良药。

有句俗话:进一步山高水长,退一步海阔天空。要想获得和谐的人际关系,其中最重要的一点就是知道退让,学会宽容。千万不要抱怨别人,指责别人,而应该具有海一样的胸怀,包容一切。如果欠缺宽容态度,绝对不可能建立起和谐的人际关系。

宋朝有一个尚书叫杨玢,为人宽宏大量,为官时,官运亨通,上下受人爱戴。

有一天,他正在书房里练字读书,一个侄子跑了进来。侄子大声说:"不好了,不好了,叔叔!咱们家的老宅地被邻居侵占了一大半,万万不能饶他!"

杨玢一边写字,一边问道:"不要着急,慢慢地说,我们家的旧宅地被别人侵占了?"

侄子变得平静了不少,轻声地回答"是的。"

杨玢接着又问:"他们家的宅子大有我们家的宅子大吗?"侄子一时有点摸不到头脑,不知道叔叔葫芦里卖的是什么药,回答说:"当然是我们家宅子大。"

杨玢放下手中的纸笔,问道:"他们占些旧宅地,于我们有什么太大的影响吗?"侄子回答:"虽说没有什么太大的影响,不过他们不讲道理,这是不可饶恕的!"

杨玢听后笑了,然后转过身去指着窗外落叶,问他们:"树叶长在树上的时候,那枝条是属于它的,秋天树叶枯黄了落在地上,这时树叶怎么想?"侄子摸了摸脑袋,摇头。

杨玢说:"我这么大岁数,总有一天要死的,你们也有老的一天,也有要死的一天。争那一点点宅地对你们有什么用?"侄子终于明白了叔叔的意思,点头说道:"我原本打算要告他们的,你看状子都已经写好了,看来是我愚笨了!"

杨玢接过状子,拿起笔在上面写了四句话:"四邻侵我我从伊,毕竟须思未有时。试上含光殿基望,秋风衰草正离离。"

写罢,他对侄子说:"凡是在私利上要看淡些,要学会退一步,千万不能斤斤计较。"

一位伟人这样说过:"你必须宽容三次。你必须原谅你自己,因为你不可能完美无缺;你必须原谅你的敌人,因为你的愤怒之火只会影响自己和家人;在寻找快乐的路途中,最难做到的或许是你必须原谅你的朋友,因为越是亲密的朋友,越能于无意中深深中伤你。"

也许在我们受到了不公平的待遇的时候,谁都有可能会怨恨别人。不过,如果仔细地想一想,当我们在怨恨别人的时候,我们自己从中得到了什么吗?事实上，我们所得到的只有比对方更深的伤害。

宽容确实是一剂良药，有时候，相对于严厉的责罚，一句暖心窝子的话更能让人改过。学会宽容别人，也就等于学会了宽容自己，给别人一个改过的机会同时，也是给自己搭建了一个更广阔的平台。

一位作家曾说过这样的一句话："世界上最宽阔的是海洋，比海洋宽阔的是天空，比天空更宽阔的是人的胸怀。"这句话不仅很浪漫，而且更具有实际意义，值得我们每个人深思。

一个豁达宽容的人，在看待人和事的时候总是抱着积极乐观的态度。别人对自己的恩惠，一定要用心记住；别人对自己的伤害，努力地忘掉。所以，他们的人际关系处理得极为和谐。宽容是一门艺术，宽容别人的时候，不是懦弱的表现，更不是无奈的举措，而是关怀体谅这种高尚的品德。

无疑，宽容不仅可以帮我们化解矛盾、赢得友谊，而且还能保持家庭和睦和婚姻美满。在日常生活中，无论对子女、对配偶、对同事和对所有人都要有一颗宽容的心。在短暂的生命里学会宽容别人，能使生活变得顺心如意。宽容是给予，是奉献，是人生的一种智慧，是建立人与人之间和谐关系的法宝。

③ 不要为了私人恩怨误了大事

莎士比亚的不朽名作《威尼斯商人》中，有这样一句话："宽容就像天上的细雨滋润着大地。它赐福于宽容的人，也赐福于被宽容的人。"把宽容比作细雨，可见宽容是真诚自然的，它能帮我们戒除掉忧烦和急躁，抑制悔恨和怨憎，避免嫉妒和猜疑。宽容他人，尊重和信任他人，不要为了私人恩怨而误了大事。

我们在生活中，需要接触各种各样的人，这也就难免会出现磕磕碰碰的现象。如果我们抓住对方的错误不放，就会形成一个思想包袱，如此一来，我们的生活将很难见到阳光。只有包容他人的错误，你才能活得轻松和快乐，更加觉得生活是如此的美好。拿破仑在历史上是一位伟人，但他却因为心胸狭窄，不能包容伤害他的人，失去了世界霸主的地位，最终兵败滑铁卢，以失败的结局结束了他传奇的一生。

美国有个发明家叫富尔顿，他最伟大的发明就是蒸汽机铁甲战船。一天，他带着自己最心爱的发明，兴致勃勃地来到了拿破仑的寝宫。

见到拿破仑后，富尔顿把自己的新发明向他做了详细的介绍，并建议他说："陛下如果能采用这种战船作战，保证会让法国的海军成为海上无敌舰队！"拿破仑对这项发明表现出了浓厚的兴趣。

然而，就在合作将要达成的时候，富尔顿说了一句："伟大的陛下，您将成为世界上真正最高大的人！"这句话彻底扭转了谈话的局面，拿破仑两眼放射出难以抑制的怒火，眼神直逼富尔顿，最终合作没有成功。

随后，富尔顿的发明专利被英国购买，英国凭借着强大的海军确立了海上霸主的地位，法国则在海上失去了优势。

其实，富尔顿说的那句话，本来想表达的意思是"高贵"和"崇高"，然而，他不经意间说出的这句"高大"，把个子矮小的拿破仑给激怒了。如果拿破仑对富尔顿的口误采取宽容的态度，接受他的建议，用强大的蒸汽机舰队打败英国，那么他就不会因为私人的恩怨而误了大局。

与人为善，助人助己，试着用宽容的心态对待伤害你的人。仇恨是很难消除的，和其他坏习惯一样，我们需要把它粉碎很多次，才能把它消灭干净。受到的伤害愈深，所需要抚平伤口的时间就愈长。不过我们相信总会慢慢地把它消灭掉。

心不是靠武力征服的，而是要靠宽容和爱来征服。如果一个人能宽容别人的冒犯，那么至少证明他的心灵超越了一切伤害。因此，我们做人要心胸开阔，对事要思想开明。要知道在这个世界上没有永垂不朽的东西，一切都会被时间带走。和一些小小的恩怨较真儿又何必呢？容人所不能容，忍人所不能忍，是一种非常可贵的胸怀。

在遥远的地方有一个叫巴勒尔的人，有一个非常奇怪的习惯，就是每当他生气的时候，便立刻跑回家，绕着自己的房子和土地拼命地跑。跑上三圈之后，他就会坐在地边喘气，那一刻，所受的所有委屈，仿佛都从体内出来了。

接着，巴勒尔会努力地去工作，如此一来，他的房子变得越来越大，土地也越来越多。

所有认识巴勒尔的人，心里都很疑惑：当巴勒尔生气时，为什么会绕着房子和土地跑三圈？有人去问他，但是不管别人怎么问，巴勒尔都笑而不答。

巴勒尔慢慢地老了。有一天，他生气后，拄着拐杖艰难地绕着房子和土地走，三圈走完后，他已经累得气喘吁吁了。孙子跟在后面，恳求地问道："爷爷，您现在上了年纪，不能再像从前那样一生气就绕着土地跑了，要不身体会招架不住啦！您能不能告诉我，为什么您一生气就要绕着土地跑上三圈呢？"

巴勒尔坐在地边，粗喘了几口气后，终于说出了原因："当我年轻的时候，一和人吵架、生气，就绕着自己的房子和土地跑上三圈。那时会边跑边想，自己的房子这么小，土地这么少，哪有时间和精力去跟人生气呢？一想到这里，气顿时就消了，然后就把生气的时间用来努力工作。"

人非圣贤，孰能无过？不要计较别人的过错，更不应该把别人的过错加在自己的头上。用一颗宽容的心去理解对方，包容对方，这个时候，我们也就会像巴勒尔那样，把自己从无谓的争斗与埋怨中拯救了出来，有更多的时间和精力投入到工作和学习之中。

罗兰曾说过："宽恕可以交友，当你能以豁达光明的心地去宽容别人的错误时，你的朋友自然就多了。"试想当我们与他人发生摩擦的时候，如果你不让我，我也不让你，一定会使矛盾进一步激化，后果将不堪设想。倘若当他人伤害自己的时候，我们能包容一下，或许矛盾就解决了，从而化干戈为玉帛。

其实在每个人的心里，都存有一点自私兼固执的想法，尤其是那些思想比较狭隘的人，要想他将心里对某人存着的芥蒂和憎恨彻底除去，更是一件难上加难的事，所谓"宰相肚里好撑船"，大概就是指能做大事的人，都具有原谅、宽恕别人的肚量。那些为一些琐事便耿耿于怀的人，很难会赢得最终的胜利，不懂得宽容，只会因小失大，最终因为私人的恩怨而误了大局。

④　对朋友无心的过失不必耿耿于怀

有两个好朋友一起结伴去远方旅行，在途中因为一件事情两个人的意见不合，吵了起来。其中的一个人由于性子比较急且脾气暴躁，随手扇了另一个人一记耳光，被打的那个人觉得受辱，心里有点不舒服，就此沉默着。两个人继续向前走去，在一块沙滩上挨打的那个人用木棍写下："我今天被我的好朋友打了一巴掌。"

旅途快要结束的时候，他们在丛林中遇到了一只饿极了的狼。挨打的那个人见到两眼绿光的狼吓得瘫倒在地，另一个人见到朋友面临被吃的危险，于是从树上跳下，冒着生命的危险，用一根木棒把狼给打倒在地，然后背着朋友逃走了。等到吓晕的朋友醒后，得知了这一切，拿出一把小刀在身后的石头上刻下："今天我的好朋友救了我一命。"

其实朋友间的相处，伤害常常是无心的，而帮助却是真心的。当你被一个朋友无心地伤害时，如果它写在容易忘记的地方，风会自然地把它吹平；你被朋友帮助，应该把它刻在心底，只要心不死，任何时候都不会忘记。对朋友无心的过失不必耿耿于怀，对朋友真诚的帮助一定要铭记于心。相信大家非常熟悉"将相和"这个故事：

蔺相如是中国古代名相。他曾经两次出使秦国，留下了"完璧归赵"与"渑池之会"这样著名的事迹，其实与他有关的还有"负荆请罪"。

廉颇号称"百战不殆"的常胜将军,是赵国的一员大将,蔺相如因为两次完美的出使行动,被赵王封为了上卿,对此廉颇心中极为不满:我为赵国出生入死,立下无数的汗马功劳,可是地位却低于没有打过仗的蔺相如,是可忍,孰不可忍!于是私下对自己的门客说:"我要给蔺相如点颜色看看,哼!"

有一天,蔺相如带着门客坐车出行,远远地看到了廉颇的车队气势汹汹地迎面而来。蔺相如见状,立刻下令把车掉头转入小巷,将路给廉颇让开。这一举动让蔺相如的门客感到不能理解,于是蔺相如解释道:"面对强大的秦王的时候,我都敢当庭对峙,并且羞辱他的群臣,我还会害怕廉颇吗?目前,秦国之所以不敢来侵犯赵国,就是因为有我和廉将军。如果我们两人不和让秦国知道了,他们一定会趁机来侵犯我们。为此,我宁愿容忍一点。"

很快这件事情就传到了廉颇的耳朵里,他感到无比惭愧。第二天,他赤裸着上身,背着荆条,一个人去蔺相如的家里请罪。蔺相如见到廉颇后,上前把他扶起,平和地说:"我们同为赵国的官员。将军能体谅我,我已经感激不尽了,不必赔礼了!"从此两人结为生死之交,共同守卫着赵国。

人非圣贤,孰能无过?如果因为朋友一点点小的过错就完全否定了他,对他失去信任了,那么你身边不会有太多的朋友;从另一个角度看,这对朋友是一种背叛,对自己何尝不是一种背叛?过错是不尽相同的,有的过错可以谅解,有的过错不可谅解。对于朋友一时的过失或过错,他只要承担了自己应负的责任,作为朋友就不能一直耿耿于怀。

在英国的一个小镇上,有一个出名的青年人名叫杰克。此人整天游手好闲,不是酗酒闹事,就是偷鸡摸狗,人们见到他都躲得远远的。有一天他闯了大祸,被关进了监狱。

入狱后的杰克醒悟过来了,不再执迷不悟,对以前所做的事情感到深深地懊悔。于是他在狱中积极地接受改造,经过良好的表现,杰克提前从监狱中出来了。

再一次回到小镇上,人们看他的目光还是和以前一样,他那一点儿刚充满希望的心,开始滑向失望的边缘。这个时候,杰克少年时代的朋友知道后,把他接到了自己的家中,并不断地鼓励他重新开始。在朋友的帮助下,他的信心又重新找回来了,最后从朋友手中借到 100 美元后,从小镇上消失了。

他靠朋友那 100 美元起家,经过拼命奋斗,数年后,终于成了一个身家百万的富翁。又一次回到小镇上,他不仅还清了以前的旧账,而且还决定为家乡投资建设。最后,他找到了当年激励他的那个朋友流着泪说:"谢谢你,朋友,是你给了我生活的信心和勇气!"

是信任拯救了杰克,让他从一个即将走向极端的人又重新找回了生活的信心。最好的支持就是信任,因为它是对人性最好的肯定,对人的帮助是无穷的。真正的友谊经得起任何困苦的考验,我们千万不要因为朋友的态度一时冷淡,就对朋友失去了信任。

就算最要好的朋友也会有摩擦,我们也许会因这些摩擦而产生隔阂,不过在夜深人静的时候,当我们仰望着星空,总会看到很多美好的回忆:一起做过的坏事,一起做过的好事;受委屈的时候,他们不断地安慰与鼓励我们;遇到困难的时候,他们总是不顾一切地冲过来……朋友对于我们是何等重要啊!

朋友间如果有了裂痕,可以用信往来弥合。真正的朋友是一笔极为珍贵的财富,他的价值不亚于给你的第二次生命。也许朋友对你的态度冷淡,这恰恰是你在无意中造成的。对朋友那些无心的过失,千万不能耿耿于怀,我相信只要朋友间多一份信任和理解,生命这条崎岖难走的道路必然会变得平坦很多。

⑤ 感谢在艰难中离开你的人

在顺境的时候,有很多人会主动接近你,我们称这些人是"锦上添花"的人。在逆境的时候,有很多人会故意地躲开你。对于那些顺境的时候在一起的人,我们要说一声"谢谢",因为那些人曾给我们的"锦上"添了"花";而对于逆境时离开我们的人,我们不能对其充满埋怨,也要衷心地说一声"谢谢",因为正是他们的离开,让你变得更加强大,面对危机的时候,清醒地认识到:只有自己才能拯救自己。

在人生的大海里航行,谁也不能一帆风顺,每个人都会有遇到风浪的时候,感谢那些在艰难中离开我们的人,是他们让我们变得更加坚强,更有韧劲。他们给了我们一双看透世界的眼睛,从而让我们更加了解这个世界。千万不要怪他,更不要为失去他而郁郁不平,因为前方有更好的人在守着你、等着你!

何伟与女朋友已经恋爱6年了,眼看结婚的日子马上就要到了,可女友突然不辞而别,只留下一张纸条,上面写着:"对不起,我们还是算了!"然后,就与另一个男人走了。

何伟看到纸条后,伤心欲绝。他的朋友们都特别清楚,何伟与女朋友的爱情道路是异常艰难的。

大学毕业后,何伟就在叔叔开的一家公司里上班,由于能力比较强,而且有着"人和"这一得天独厚的优势,没用多长时间便当上了部门经理,在他任经理的期间,这个部门业绩飙升,取得了不俗的业绩。那时候的何伟正是春风得意之时。

俗话说,人如果混好了,谁都会主动靠近你。追求何伟的女孩子有很多,可他却偏偏对从农村来的阿华情有独钟。

　　虽说两人是相互爱慕，可是由于中国传统观念"门当户对"的影响，何伟的家里坚决不同意。何伟多次与父母理论，有一次甚至和父母翻了脸，在何伟的几番折腾下，最后父母只好妥协了，同意他和阿华交往。

　　天有不测风云，一场席卷全球的"金融风暴"爆发了。由于叔叔的公司是做进出口贸易的，没过多久，公司的利润就呈现负增长的态势。没有办法，何伟的叔叔只能把公司关闭了。何伟从此也成了一个失业青年。

　　可是屋漏偏逢连夜雨，就在何伟处在人生低谷的时候，看到了阿华留下来的那张纸条，阿华离开了他，在他人生最为艰难的时候。

　　公司的倒闭，对于何伟来说不算什么，即使他觉得自己没有了工作，可至少还有一个非常爱他的女朋友。然而，现在最爱的人也已经走了，何伟的心彻底凉了，他发现原来自己是那么不堪一击。可何伟并没有就此消沉下去，痛定思痛后，他在自己的日记里面写道：

　　"女朋友的离去，并不是一件坏事，我必须努力，来证明我自己是打不到的！她离开就离开吧，也许她根本不值得我去爱。"

　　不久，何伟找到一位老朋友，在这位朋友的资助下，他凭着自己的能力，开办了两家物流公司，慢慢地又东山再起了。现在，在亲戚的撮合下，他和一位从美国留学回来的姑娘确定了恋爱关系。两人不仅一见钟情，而且双方的父母也很满意。

　　假如何伟的女朋友不离开他，没准他从此可能去打工了，也勉强能维持生活。不过，正是阿华的离去，让何伟清楚地看清了自己，感受到了前所未有的危机，从而通过自己的努力走上了成功的道路。

　　也许只有真正受过伤的人，才能清楚地看清自己。然后在经过一段长时间的调整之后，会活得比以前更加开心，因为就是那伤害过你的人帮你认清了自己。假如有一天我们再次遇见了这个人，记得一定要说一声"谢谢"。她的离去，不仅把你变得更加坚强，而且让你更懂得如何去爱，更懂得怎样保护自己。

　　既然如此，感谢那些在危难之际离我们而去的人吧！伤害我们的人，我们没有必要记在心底，而应在内心深处对他们充满感激，因为他们磨炼了我们的心志；欺骗我们的人，我们也没有必要进行报复，因为他让你对此类欺骗多了一份戒心；艰难中抛弃我们的人，我们更没有必要怨恨，因为他激励了你奋力自强。

⑥ 学会感谢你的"仇人"

在广袤的非洲大草原奥兰治河两岸，生活着两群羚羊，东岸一群，西岸一群。奥兰治河两岸的环境所差无几，可东岸羚羊的繁殖能力要远比西岸的强，而且就连奔跑的速度也比西岸要快。

对这一现象，动物学家感到百思不得其解。为了开展更为深入的研究，他们做了一个实验：在东西两岸各抓了10只羚羊，然后分别把它们送往河的对岸。一年过后，运到西岸的10只繁殖到14只，送到东岸的10只剩下3只，另外的7只全被狼给吃了。

通过这个实验，动物学家终于明白了羚羊的差别。东岸的羚羊之所以强壮，是因为在它们附近生活着一群狼，而西岸羚羊之所以弱小，是因为缺少了这一群天敌的缘故。

由此可以看出：正是由于"仇人"威胁的存在，才使东岸羚羊不断进步，不断强大。就像动物不能没有天敌一样，人要想不断进步也不能少了"仇人"，因为它可以把我们内在的潜能激发出来。那些处处与我们作对，处处攻击我们的人，又何尝不是我们的"恩人"。

维克多·格林尼亚出生在法国城市瑟尔堡，他的父亲是一家规模不小的造船厂厂长，可以说他家里经济条件十分优越。不过这种家庭环境并没有给他的成长带来多少有利的条件，在父母的娇惯下，他养成了很多不良习惯，是远近有名的花花公子。

在格林尼亚 21 岁那一年,他参加了一个上流社会举行的舞会,他在舞会上发现了一位气质非凡的姑娘。不由心跳加速,他上前邀请这位姑娘与他共舞,没想到她却遭到了拒绝:"请离我远一点,你是什么都不会的人!"这句话深深地刺痛了格林尼亚的心,但也使他受到强烈的刺激,并决心创造一番成绩出来。

于是,他离开了家,独自一人来到了里昂。一切从新开始,他彻底地告别了以前的生活,开始刻苦学习。经过多年的努力之后,他考进了里昂大学,并以论文《格氏试剂》获得了博士学位。

功夫不负有心人,在格林尼亚离家出走 8 年之后,他终于创造出了一番成绩。他发明了格氏试剂,对有机化学发展产生了重要的影响,并获得了诺贝尔化学奖。

很快,格林尼亚获奖的消息便传开了,在无数的祝贺信中,有一封信的内容最为特别:"格林尼亚你真是一个大有作为的人,我永远都会敬爱你!"末尾的署名,正是当年那个在舞会上批评过他的女孩子。

格林尼亚看完后,考虑了一会,便拿起笔给她写了一封回信:知道吗?我之所以能有今天的这番成就,有一部分功劳是属于你的,正是由于你在那次舞会上的批评,让我醒悟过来了!你也许不曾想到,正是这句话让我从你身上获取了决心,从而创造出了一番成绩。所以现在,我要对你说一声"谢谢!"

格里尼亚是被批评出来的诺贝尔获奖者,看来这句话确实没错,正是那个女孩子对他批评的话激励了他,让他从一个无所事事的人变成了一个伟大的科学家,这是所谓的"仇人"给格林尼亚的激励。

"仇人"可以给我们机会,可以给我们勇气,可以给我们激励,可以给我们……"仇人"可以给我们的东西实在太多了,关键是我们能否意识到这些东西的存在。

当时,还有两位非常著名的科学家,一位是普鲁斯特,另一位是贝索勒。

按理说,同时的科学工作者,他们应该是一对不错的朋友才对,可是不然,他们却是一对"论敌"。他们用了五年的时间进行争论,有时语气甚至尖锐到对骂,这一切都是为了探索化学上的"定比定律"。最后以普鲁斯特的胜利而结束,普鲁斯特发现了"定比定律"。

然而,普鲁斯特并没有因此而得意忘形,居功自傲。他真诚地来到了贝索勒家中,对曾激烈反对过他的"仇人"说:"多亏了你一次次的责难,我才将定比定律深入地研究下去了,老朋友,谢谢你!"

在普鲁斯特眼中,贝索勒的责难和尖锐的批评,对他来说是一件十分有意义的事情,因为这位与自己唱对台戏的"仇人",让他得到了继续研究下去的决心和勇气,并最终取得成功,正是"仇人"帮助了自己和完善了自己。所以说,"定比定律"的发现也有贝索勒的一份功劳。

普鲁斯特这种允许别人反对、不计较别人的态度和善于从"仇人"身上吸取营养的精神,很值得我们去学习,同时也从侧面说出了一个道理:正是因为有这个"仇人"的存在,才能激励自己勇敢地走下去,一步步地走向成功。

巴尔扎克曾经说过这样一句话:"世上所有德行高尚的圣人,都能忍受凡人的刻薄和侮辱。"面对"仇人"时,这句话是非常受用的。在现实生活当中,"难得糊涂"这一处世哲学可以使我们做人有人缘,做事有机缘。它不是昏庸,而是为人处世的豁达大度,是一种真正意义上的"拿得起,放得下",这又何尝不是一种坦然呢?

记得要和"仇人"说一声"谢谢!"正是因为他们的存在,我们才会清楚地看到自己的缺点,然后激发出自己的潜能,激励自己不断地努力,不断地进步,从而迫使自己必须奋勇前进!

辑 11　生命比生活更重要

——对生命，看开一点又何妨

世界上最为珍贵的东西，莫过于生命，因为它只有一次。我们必须不惜一切代价保护好它。健康的身体是我们从事一切工作的保障，如果身体垮了，其他一切都是徒劳的。珍爱生命，善待自己。

1 快乐地活着

在这个世界上,任何一件事物都会有始有终,生命也不例外。从某种意义上说,生可谓是一个起点,死则是一个终点。所以说,生与死是生命的两端,同样,它们也是生命的一个重要过程,如果没有它们的存在,生命将不再完整。

德国人布洛赫写过一本名叫《死亡研究之旅》的书,他在书中这样写道:"人们会把最后的恐惧避开吗?其实这根本不算恐惧。假如一个健全的人临终前绝望了,有时便会产生一种完全不同的感觉。原本的恐惧会变为罕见的好奇,换而言之,把知道死亡对自身的作用当成是一件快乐的事情。因为死亡本身就是一场固有的巨大变化,它会令人兴奋。"

汤姆是一位律师,在美国律师这一职业的收入是相当可观的,他有一个幸福的家庭,爱他的妻子和两个可爱的女儿。然而,这种幸福的日子被医院的一张确诊报告撕碎了。

报告上说汤姆患上了恶性肿瘤,只能活3个月了。汤姆的家庭陷入了绝望之中,尤其是爱他的妻子,每天都不愿意睁开眼睛,害怕看见丈夫离开。可是汤姆却把这些看得很淡,在他接到确诊报告的那一天,他就开始准备自己的后事了。先是请来牧师,告诉牧师自己希望在葬礼上吟诵哪篇圣经,愿意穿什么衣服下葬,甚至还要求下葬的时候放哪首《安魂曲》。汤姆把所有的事情都交代完毕后,牧师准备离开。

汤姆突然想起了什么,然后拉住牧师说:"我还有一件事,就是希望埋葬时左手拿着一支餐叉。"

牧师听后,有点费解。

汤姆接着解释道:"每次我去自己最喜爱的那家餐厅吃饭的时候,特别喜欢他们家的餐叉,因为他们家的餐叉上面有一种甜甜的味道,像是小时候妈妈做的草莓冰淇淋,我非常喜欢这种味道!"

牧师听后,眼里涌出了感动的泪水。他知道眼前这个人所剩的时间不多了,汤姆在死亡的面前能有这样乐观的态度,着实让他感动了。

死亡是无法避免的,所以我们要正确地看待它,很多人都会害怕面对它。惧怕死亡,其实说明他们也从来没有真正痛快地生活过。相信大家都听说过半杯水的故事:

桌子上面放着一个杯子,杯子里面装有半杯水,旁边坐着两个人。乐观的人看到半杯水后,高兴地说道:"看,我还有半杯水!"悲观的人则叹息道:"唉,我只剩下半杯水了!"

可见,同样的半杯水,用两种不同的心态看它,结果也是不同的。有些人因半杯水而高兴,有些人因半杯水而叹息,因此让我们感到困惑的不是事物本身,而是我们自己的心态。

无疑,一个好的心态会能让我们时刻感受到快乐,而真正的生命就在于快乐。一个有意义的人生,即使快要走到终点的时候,也要感受到快乐。很喜欢这样一句话:"快乐是一种态度,它不分富贵贫穷,每个人都拥有一份快乐。只是有的人充分享受了快乐,有的人却没有拿出来享用或者根本不知道自己拥有快乐。"

由此可见,快乐是因人而异的。男人的快乐就是一伙朋友聚在一起,大碗喝酒大口吃肉,口无遮拦地谈天说地;而女人的快乐是几个好姐妹在一起,然后逛逛商场,说说家长里短,在路上走着的时候被人叫一声"美女"。

或许在女人的心目中,男人的那些快乐是庸俗的,同样,在男人心目中女人的那些快乐简直就是莫名其妙。虽说快乐的方式不同,可目标却都是快乐,因为只有快乐了,才会好好地工作,从而获得事业上的成功;只有快乐了,才能保持一个良好的心态,有益于身心健康的同时,还可以收获一份宽容仁慈高尚的品德。

在这个世界上，没有绝对的快乐和绝对的不快乐，有的是一颗创造快乐的心。快乐都是自己创造的，别人不能把它送给你，即使用再多的钱也不一定能买得到。只有用心地热爱生活，珍惜生命，我们才能得到它。

生老病死是自然规律，既然我们不能永生，那么就好好珍惜生命吧，在有限的生命里，做更多有意义的事情，不要让短暂的生命变成一潭死水。趁活着，去追求这个世界上最美丽的事物，相信在追求的过程之中，你会发现快乐，然后心情会像五月的鲜花那样绚烂迷人。电视剧《士兵突击》中有句经典的台词："好好活着，做有意义的事；做有意义的事，就是好好活着！"

② 正视死亡

俗话说"千古艰难唯一死"，死是非常可怕的，尤其是自寻短见这样没任何意义的方式，我们千万不能尝试。自寻短见，在弥留的那一刻必然会受到锥心痛楚的煎熬，每个人都应该清楚地知道自杀并不是解脱，而且更不是一了百了！

活着是对生命最好的馈赠，活着是对父母最好的报答。有时面对某些事情的时候，我们可能无法自拔，这个时候，死亡也许是一种解脱，但用这种方法解决问题，绝对是一种非常自私的选择，试想一个人如果不能勇敢地面对生，又有何面目去选择死？

在你萌生"轻生"的想法时，想想生养自己的父母，当你选择了那条不归之路后，可曾想过他们的感受？面对生养自己的父母，你必须活着，因为这是一种不容推脱的责任，是他们给了你生命，是他们用无微不至的关怀让我们长大，而就在我们成长的时候，他们却在慢慢地变老。当他们有一天白发苍苍了，我们就是他们的未来和希望，每个人都有责任像当初他们精心呵护我们那样，照顾他们，让他们不感到孤独，让他们可以安享晚年。因此，我们一定要好好活着，千万不能去做自寻短见这样的傻事。

一个冬日，天空飘起了雪，这一天王云的家里显得凌乱而冷清，全家每个人的脸上都布满了愁容，王云的妻子因为哀伤过度已病倒在了床上，在床上不时发出撕心裂肺的哭声。

这原本是一个幸福的家庭，可就在不久前这种幸福被彻底地打碎了——上大三的女儿自杀身亡了。上次见到女儿的时候，还是在两个月前，女儿的突然离去给这个家带来了难以挽回的悲伤。

读后不免感到无限地遗憾，遗憾过后，沉思片刻，内心又充满了疑问：自寻短见，究竟为的是什么？爱情、工作还是家庭？在她那个如鲜花一样绚烂的年纪，竟然选择了一条不归之路。在这件悲剧的背后，一定别有隐情。那么究竟谁是背后的凶手？是社会、家庭、学校，还是她自己？

死真的能就此解脱吗？在她将死未死的那一刻，所要忍受的痛苦必然会使当事人后悔莫及。我们也许会觉得奇怪，一个人既然对人生问题的本质还没有弄清楚，却把宝贵的生命，在一时想不开的情况下白白地断送了。不知道她有没有想到她的父母、亲友及所有认识他的人？将如何承担她所做的傻事？

这出悲剧的发生，我真的宁愿相信是其他原因导致的，而不是她自己选择的，可是真正的凶手就是她自己。很多人和她一样，在为生活奔波，面对强大的压力时，也同她一样无助和迷茫，然而没有坚强地顶住这些，是她自己选择了逃避，把无限的痛苦留给了自己的父母。

其实只要努力地活下来，生活就一定有希望变得美好起来。这个世界上，形形色色的人非常之多，不如意的地方也很多，可我们绝不能选择逃避这些，去选择死亡。只有珍惜自己的生命，你才能把握自我，要珍惜自己，就要欣赏自己，"金无足赤，人无完人"，无论顺境逆境，你都能坦然面对，正确把握自己，在独立的追求中创造生命的价值，你才能学会欣赏自己，从而拥有一个美好的精神世界。

不论平淡无奇，还是轰轰烈烈，不论一帆风顺，还是波折坎坷，生活都不会抛弃我们的，它赋予我们很多很多有意义的事情，比如成熟的思想和珍贵的亲情、友情，同时它也教会了我们很多，比如喜悦与悲伤，一分耕耘一分收获。所以我们应该珍惜生命，热爱生活，千万不要去做自寻短见这样没有任何意义的事情。

③ 和生命相比，一切都太过卑微

世界上最为珍贵的东西，莫过于生命，因为它只有一次。因此，我们必须不惜一切代价来保护好它。更何况健康的身体是我们从事一切工作的保障，如果身体垮了，其他一切都是徒劳的。

作为一个人，热爱自己的事业，热爱伴侣和孩子，这些都没有错，不过我们绝不能忽略自己，要在任何时候都别忘了善待自己，爱惜自己。

二战期间一艘美国潜艇上的瞭望员。一天清晨，潜艇在印度洋上执行任务，在向水下下潜时，他通过潜望镜侦查到一支由一艘巡洋舰、一艘运油船和一艘驱逐舰组成的日本舰队，正以迅雷不及掩耳之势向自己的潜艇逼近。

于是，他赶忙把这一情况上报给指挥官，指挥官在第一时间下令准备发起攻击，可是攻击还没有开始，日本的驱逐舰却已掉过头来，朝潜艇这边冲过来。原来空中的一架日本战斗机也测到了潜艇的位置，而且通知了海面上的驱逐舰。

指挥官只好再次下令潜艇紧急下潜，以便躲开驱逐舰的攻击。

时间仅过了三分钟，日军的六颗深水炸弹就在潜艇的四周炸开了，潜艇被逼到了水下83米深处。潜艇上的每个人都知道，只要有一颗深水炸弹在潜艇五米范围内爆炸,潜艇就会永远留在海底了。

在这千钧一发之际,指挥官决定以不变应万变,他下令将艇上所有的电力和动力系统都关掉,然后全体官兵静静地躺在床铺上。当时,琼斯和其他战友都害怕极了,就连呼吸都觉得异常困难。

他在心底不停地问自己,难道这就是我的死期?尽管潜艇里的冷气和电扇都关掉了,温度高达 36℃ 以上,琼斯仍然冒着冷汗,心跳的声音比深水炸弹爆炸的声音还要大。

日军驱逐舰连续攻击了 15 个小时,琼斯却觉得比 15 年还漫长。寂静中,过去生活中的点滴在眼前重现:琼斯加入海军前是税务局的小职员,那时,他总为工作又累又乏味而充满着抱怨,报酬太少,升职也遥遥无期;烦恼买不起房子、新车和高档服装,经常因为一些琐事与妻子争吵。

这些烦恼的事情,过去对琼斯来说似乎都是天大的事。而今置身这坟墓一样的潜艇中,面临着死亡的威胁时,他深深地感受到:当初的一切烦恼都显得那么渺小,它们和生命比起来,简直就不值得一提。

于是,他在心底暗暗发誓:只要能活着看到太阳,一定要珍爱自己,珍惜生命。

日军驱逐舰终于把所有的深水炸弹扔完开走了,琼斯和他的潜艇又重新浮上了水面。

战争结束后,琼斯回到祖国,并重新参加了工作,经过生死的考验之后,他更加热爱生命了,懂得如何去幸福地生活。他后来回忆说:"在那可怕的 15 个小时里,我深深体验到了生命的珍贵,和生命相比,世界上其他事情都是那么微不足道。"

世界上没有一样东西比我们的生命更为珍贵,我们必须不惜一切代价保护好它。同样,生命可以使痛苦和烦恼变得渺小起来,相信每一个经历记过生死考验的人都会明白这一点。

有一个人躺在医院的心脏监护病房里,弥留之际,他想了很多:我是一个从不珍惜自己的人,以前根本不相信自己会生病,更不曾想到自己会病倒,平时把别人的事都当成自己的事来做,认真上心,不惜牺牲一切;对工作又是一个绝对追求完美的人,精益求精,对谁都认真负责,对家也是一丝不苟,总想着要把每件事都做到最好。可是现在,自己把有限的时间和精力都给了别人,却委屈了自己,从来没有好好地照顾过自己,以至于积劳成疾,最终苦了自己。

其实我们每个人都不是铁人,更不是用特殊材料制造的,所以绝对不能像机器那样,不分昼夜地运转着。家人、朋友和工作固然重要,可也不能忽略了自己,我们也是需要休息和别人照顾的,自己如果不尽心的话,身体迟早会出现问题的。

善待生命中的每一份爱、每一丝情;善待生命中的每一个人、每一件事。少一份责备,多一份理解;少一份自享,多一份体贴;少一份自得,多一份奉献;少一份自傲,多一份谦虚。好好地善待拥有的一切吧!

④ 任何生命都值得尊重

人的生命也就那么短短几十年,这短短几十年的时间要比一朵花易逝,比一张纸脆薄,而且还要面对许多我们不能预感到的意外事故。通过电视等媒体,我们可以得知,那些无辜的生命每天都在一个接一个地消失,无论是车祸、矿难等人为事故造成的,还是地震、泥石流等自然灾害引发的,生命本身真是太脆弱了。

现代社会,每个人都非常重视自己的肖像权、著作权和名誉权,这些生命以外的东西都可以获得尊重,更何况是生命本身呢?世间上最宝贵的莫过于生命了,任何生命都应该获得尊重。有的人把别人的生命看得非常轻,殊不知轻看别人的生命,就是轻看自己的生命。

拿破仑做了皇帝后,一天黄昏,他和夫人在花园里一起散步,迎面走过来几个身负重物的士兵,士兵们恰好挡住了他们的去路。这个时候,他的夫人见状,赶忙喝令士兵到一边去,把路给皇帝让出来。

拿破仑在一旁说道:"亲爱的夫人,请尊重负重者。"说完主动躲到一旁,把道路给负重的士兵让开了。

在拿破仑眼中,每一个生命都是值得尊重的,可见,地位的尊卑是不重要的,重要的是生命。生命是可贵的,我们没有任何理由不去尊重生命。

因此我们要尊重我们周围的人,让自己活的同时也要让别人活,少一份猜忌,多一些宽容;少一份埋怨,多一些理解;少一份争斗,多一些和谐。

同时也要尊重自然界的一草一木,这些无声的生命也需要我们来呵护;这个世界要想异彩纷呈,必须要有你有我有他,这样才能充满无限地生机与活力。

我们在这个世界上生活,有无数的生命在同我们结伴而行,只要我们用心地去感受,总能够或多或少地被身边这些生命所感动。我们每个人都要把自己当做平常人,然后心存爱意,只有这样,才能学会尊重自己、尊重别人和尊重那些正在不知不觉中消逝的生命,千万不要苛求生命、摧残生命和剥夺他人的生命。

让这种生命至上的理念真正地在我们每个人心中都深深地扎根吧!你会感到那些无谓的烦恼变少了。停止了抱怨,没有了心伤,如此一来,人间就会少了许多争斗,少了许多悲剧。

当我们经过一片碧绿的草坪时,不知道你会选择为走近道而踏过草坪,还是会选择绕道而行呢?"当我们经过碧绿的草坪时,我们首先会去感激它,因为是它装饰了我们要走的道路,同时还把我们要呼吸的空气变得更加清新。我们宁愿多走一些路也不会无情地去践踏那些可爱的小草们。它们也有生命啊,任何生命都值得我们尊重,请尊重它们!

当我们看见一朵美丽的花儿时,不知道你会选择顺手把它采下,还是会选择则在一旁默默地欣赏呢？当我们意外地看见一朵花儿时，我们会在一旁默默地欣赏它，然后静静地倾听它开放的声音。同时我们也要感谢它，感谢它让我们的生活环境变得多姿多彩，感谢它让我们周围的空气变得芬芳起来，看罢，悄悄地走开。

当我们看到几只鸟儿在附近嬉戏时，不知道你是会选择将它们给赶走，还是会学留一点空间给它们呢？当我们看到一群鸟儿嬉戏的时候，我们会在远处地看着它们那快活的身姿，静静地在一旁聆听它们的欢声笑语，生怕我们的一不小心会惊吓到这些可爱的小精灵们。同样，我们也会感谢它们，正是因为有了它们，我们的耳朵不再感到寂寞，而是充满了那动听的声音。因此，我们会很尊重它们，非常愿意留一片自由的空间给它们。

任何生命都是值得敬畏的，有时候一个生命的突然结束是谁都没有办法预知的。试想隐匿在草叶间的昆虫，因游人无意间地闯入而惨死于草丛间，这有谁能够想得到？一个盲孩子注定要在逃脱不掉的黑暗里度过余生，感受来自人世间的冷暖。

那个孤独的盲孩子虽然看不到摇曳的日影、绿色的叶子和自己的面影，却在心底感受到了世界的美丽，阳光的和暖，胜过有眼睛的健全者。

一棵草是生命，一朵花是生命，一只鸟也是生命。在这美丽的世界里，到处都有生命，世界正因为有这些可爱的生命所以才美丽。我们能遇见这些生命，是一种际遇，是一种缘分，请将你的热心拿出来，将你的爱心释放出来，尊重你所遇到的每一个生命，你会惊喜地发现这个世界更加美丽，更加多姿多彩。

要树立敬畏生命的观念。敬畏生命就是像敬畏自己的生命意志那样敬畏所有的生命意志，满怀同情地对待生存于自己之外的所有生命意志。只有有了这样的认识，才能谈得上对生命权利的尊重，才能让尊重生命的行为落到实处。唯有充分认识到尊重非人类生物生命的意义，才可以使我们避免随意地、麻木不仁地伤害其他生命。

⑤　不要让生命停留在人生的中点

据世界卫生组织的一项统计表明,现在"过劳死"这一发病率正在逐年增加。所谓的"过劳死"就是指那些未老先衰、猝然死亡的生命现象,在无休止的熬夜加班和无法摆脱的压力下面,生命显得如此脆弱。

不过这也不足为奇,现如今一切工作都以数字作为衡量的标准。一些人为了这些数字不惜开夜车,加班加点地拼命工作,如此一来,不说工作上面能取得多少成就,单说身体能不能承受得起,显然,健康被提前预支了。工作上面要努力,同时更要善待自己的身体,保持身心的健康,拥有一个好身体是革命的本钱。

王某是济南市某酒厂的副厂长,2008 年 7 月 2 日那天,准备出门去上班的时候,在家门口猝死。年仅 35 岁的他,人生正当盛年,为何会猝死呢?

据了解得知,原来是因为操劳过度。最近该厂的业绩一直上不去,再加上现在是夏季,属于白酒销售的淡季,副厂长王某对此感到非常地着急。

于是经常坐着飞机在多个城市之间飞来飞去,就是为了能把公司的业绩提上去。一个多月以来,他没有休息过一天,有时候为了赶制一份地区销售计划,甚至要工作到次日凌晨三四点。

在王某活着的时候,经常说的一句话就是:"我没灾没病,多工作点儿不算什么。"就在六月份公司组织做体检的时候,他的身体还没有出现什么异常,可是谁也没有想到,这样的不幸突然落到了他身上。

这种人到医院去检查时,由于没有明显的病症特征,从而很容易忽视健康。再加上工作时间过长和劳动强度过重,势必会发生意外。在风云莫测的职场里,那些日益激烈的竞争所创造出来的压力,确实已经严重地影响了一部分人的身心健康。

在当今的企业里,大多数都在奉行效率就是生命这一准则,每个人都在扮演着"工作努力"这一形象,我们为了业绩、为了利润、为了保住公司在行业中的地位,都在拼命地工作。有一句话调侃说:"年轻时拿命换钱,岁数大后拿钱换命。真要累没了命,还不能算工伤。"

王大勇毕业于北京的一所知名大学,在别人的眼中,他曾经是一个潇洒倜傥、大有前途的才子。然而现在,由于在工作中不注意自己的身体,刚刚30岁就已经开始谢顶。在别人眼里,他看起来更像是一个40岁的人。

他曾这样形容过自己的工作:"一年有11个月的时间要扎在办公室里面,日复一日地开发软件,还有一个月的时间用在各种IT展会和业务洽谈上面。"正是这种拼命地工作方式,让他成为了分公司的总经理,同时也正是这种玩命的工作方式,把他的身体快要累垮了。

有一次工作时间,他的胃病发作了,由于工作实在太忙了,他只好咬着牙挺着,最后实在撑不下去了,当场昏倒在了办公室里面。幸好抢救得及时,否则,后果不堪设想。

在他的眼中,工作就是生活的全部,现在如果不拼命地工作,几年后一定会被这个社会淘汰。王大勇现在的目标就是撑下去,等撑到40岁的时候,攒笔钱退休。他的幻想和大多数IT业精英的梦想一样。

现在,他像一个陀螺一样在社会上一刻不停地转动着,真不知道哪天陀螺会突然停止了转动。

这些奔波于社会、家庭和事业之间的人最容易把健康"透支"。王大勇最近刚刚成立了的一家自己的公司,他说:"自从新公司创办以来,晚上10点前没有回过家。"每天至少要加班两个小时,睡眠还不到6个小时,周末的时候,要么继续工作要么就是去应酬,在这种高强度的工作压力下,他的胸口好像压着一块石头,心情也变得异常压抑。时间完全被工作占据着,就连去医院检查一下身体的时间都抽不出来。

曾几何时,健康和事业成为了鱼和熊掌的关系,在面对它们的时候,人固有的征服本能常常让我们忽略了健康,然后不顾身体的健康去追求成功。毫无疑问,过度地透支自己的身体健康,就等于向死亡的悬崖慢慢地推进。"职场如战场"是现代人说的很多的一句话,也许是空前激烈的竞争,把我们逼迫得必须要玩命地工作,可如果任何一次的成功都是以损害身体健康为代价的话,那么这样的成功是得不偿失的。

有一个特别形象的比喻如果人生是一连串数字的话,那么身体健康就是前面的 1,财富、事业、爱情等是 1 后面的 0。显然,人生如果没有前面的 1,后面有再多的 0,也是没有任何意义的。可见,一个好的身体是事业的本钱。

我们要对生命负责,最实际的就是要对自己的身体负责,千万不能在年轻的时候"透支"它,不要让生命停留在人生的"中点",每一个人都应该把身体健康放在一切事情的最前面。只有有一个健康的好身体,才能有"本钱"去做其他事情,否则,到了晚年的时候,一定会为年轻时"透支"的健康还债的。

6 珍爱生命,别把梦想带到坟墓

生命无常,不要等到一切无法挽回的境地才知道回头。大多数人穷其一生,都在为名利苦苦奔波着,这期间,其实忽略了最为珍贵的健康、亲情和快乐。这样做,你也许会在事业上取得成功,可一旦失去了人生中最为珍贵的东西,即使有再多的财富和名誉,都是没有办法挽回的。适时地放下手中的工作,学会调整和放松,轻松一下,去体验亲情和享受快乐。

也许你会说,现在社会这么残酷,不容我们有片刻的放松,因此上面说的那些梦想，还是再等等吧！殊不知等到何时是个头啊，再说时不待人，等到有一天你想做这些事情的时候，可能早已为时已晚。所以我们还是从现在开始，从零开始，去实现自己的梦想吧！千万不要把梦想带到坟墓。

在一家医院里，五官科病房里同时住进了两位病人，他们的鼻子都不舒服。在等待化验结果的时候，他们一起闲聊，甲说："如果是鼻癌的话，就立即去旅行，一定去一次拉萨！"乙听后，对此表示赞同。

没过几天，化验的结果便出来了：甲得的是鼻癌，乙长的则是鼻息肉。

于是，甲列了一张告别人生的计划表：首先去一趟拉萨和敦煌，再从攀枝花坐船一直到长江口；最后，再到三亚以椰子树为背景拍一些照片；如果时间允许的话，去哈尔滨过一个冬天，然后从大连坐船到广西的北海；这期间，要读完莎士比亚的所有作品；听一次瞎子阿炳原版的《二泉映月》，写一本书……凡此种种，共30条。。

他在这张计划表的背面这样写道：在我的一生中，有过很多的梦想，有的实现了，有的由于种种原因还没有实现。现在老天爷留给我的时间已经不多了，在离开这个世界的时候，为了让遗憾少些，我决定用生命的最后几年去实现剩下的这30个梦。

乙则留在了医院，继续接受治疗。

不久，甲就结束了医院的治疗，并辞掉了公司的工作，去实现他那30个梦想。他先是去了拉萨和敦煌。第二年，又凭着惊人的毅力乘船到了长江口。现在他正在实现他写一本书的宿愿。

有一天，乙在报上看到甲写的一篇散文，打电话去问甲的病。甲说："我真的不敢相信，要是没有这场病，我的生命该是多么不幸，因为是它唤醒了我要去做自己想做的事，去实现自己想去实现的梦想。现在我终于体会到了什么是生命的真谛。老朋友，你生活得也挺好的吧？"乙在电话的另一端，静静地沉思着，没有回答。

死亡是每个人都无法抗拒的。可是我们不愿意面对死亡，因为我们认为还会活得更长久些。我们如果有勇气像那位患鼻癌的甲那样,列出一张生命的清单,然后把其余的一切抛开,去实现梦想,去做自己想做的事,相信生活会给你一份惊喜的。可悲的是有些人把梦想变成了现实,有些人把梦想带进了坟墓。

如果你感觉走得有些沉重,那么请把脚步放慢些,把握住眼前的机会,还为时不晚。每一个明天都是希望,无论陷入怎样的逆境,都不应该绝望,因为前面还有很多个明天。乐观的人,在绝望中仍能看到希望,悲观的人,身在福中不知福。就在今天,把你心中的感激和爱告诉你所爱的人,用你的亲身行动来关心你的家人。从现在开始,对生活多一份珍爱。

天使把 1、2、3、4、5、6、7、8、9、0 十个数字摆在 10 个人的面前,并让他们分别上前来取,每个人只能取一个。

于是,人们争先恐后地拥上去,把 9、8、7、6、5、4、3、2、1 都抢走了,只有 0 被剩下了。抢到的数字越大,那个人就越高兴,抢到 2 和 1 的两个人,不断地抱怨着自己的手气太差劲啦。

最后只有一个人手里还没有数字,其他人看到后,在一旁偷笑起来,尤其是拿数字 1 的那个人,心里似乎终于找到了平衡。然而,手里一无所有的那个人,并没有对此感到绝望,他慢慢地走上前去,心甘情愿地拿走了数字 0。

其他人在一旁嘲笑着:"那个人可真傻呀,拿个 0 有什么用?难道傻到连 0 代表着什么都不知道吗?"

拿到 0 的那个人听后,自嘲着说:"一切从 0 开始嘛!"

日后,由于他一无所有,便只能埋头苦干。经过一段孜孜不倦的追求后,他获得了 1,有 0 便成为 10;他获得 5,有 0 便成了 50。他一心一意地干着,一步一步地向前。他把 0 加在他获得的数字后面,便十倍十倍地增加。最后,他成为那 10 个人里面最为富有和成功的人。

由于现代社会竞争激烈,每个人身上的压力都是空前的,肩上那沉甸甸的担子压得我们喘不过气来。追求个人价值,渴望成功,享受荣誉,人的成功确实需要付出一定地代价,可如果这代价是健康,那么这是不值得的。

再换一个角度想想,事业上可能只是稍有一点成就,不过你珍爱了自己的生活和健康,你会对失去的没有遗憾,因为人生本就如此,有得就有失,没有必要去计较得太多。

辑 *12* 完美是幸福的枷锁

——对爱人，包容一点又何妨

　　万事万物，难有十全十美。相爱的人如果不能长相厮守，是一件遗憾的事情。然而恰恰是这种遗憾造成的距离，彼此才能把爱情永放心间，永远在对方心中留下最美好的回忆。在品味这种缺憾之美时，有苦也有甜，这又何尝不是一种凄凉的美呢？

① 万事万物，难有十全十美

有这样一句话："没有遗憾的人生才最遗憾。"试想如果没有"惆怅阶前红牡丹，晚来唯有几枝残"的遗憾，又如何会有古人夜里秉烛赏花的美。因此，很多时候我们总是埋怨美梦不能成真，殊不知如果什么梦想都能轻易地实现，也就没有什么美梦了。换个角度看，这种遗憾又何尝不是一种美呢?我相信没人会质疑断臂的维纳斯是美的。

正所谓"尺之未必有节，寸之玉必有瑕"，万事万物，难有十全十美。有个故事很耐人寻味：有个渔夫从海里捞到一颗晶莹圆润的大珍珠，为了去掉珍珠上的小黑点，他层层将黑点剥去，最后黑点没有了，珍珠也不复存在了。

古代的一个将军，得到了一张非常棒的弓。弓周身全是由黑檀木制成的，用它射出去的箭又远又准，将军非常喜欢它，就连夜里睡觉都要放在枕边。

一次一个朋友来拜访他，将军拿出神弓给朋友看，朋友仔细观察后说道："这把弓的确非常不错，无论是质地还是韧劲，都是一等一的好，可美中不足的就是弓身太粗糙了，应该再好好打磨一下!"

将军听后，又重新打量着自己神弓，他越看越觉得不对劲，于是他决定去请最优秀的艺术家在弓上雕一些图画，以此来补救那点遗憾。于是他请艺术家在弓上雕了一幅完整的行猎图。

"还有什么比一幅行猎图更适合这张弓呢!"将军心中充满了喜悦，"你正应配有这种装饰，我亲爱的弓!"一面说着，他就试了试，把弓拉紧的时候，弓却断了。

一位作家说得好："生活是由幸福和痛苦组成的一串念珠。"在生活中，我们会遇到种种的缺憾:理想难以实现的无奈,事业未成的遗憾,同事与上司一时的不理解,家庭的不和谐等。也许这些是我们一时难以改变的,但如果我们一味地为这些而烦恼、忧伤,就会错过生活中实实在在的机会,同时也看不到生活中的希望。

命运之神赐给我们欢乐和机遇的同时,也给了我们缺憾与苦难。千万不要怨天尤人,更不要以偏概全和畏缩自卑。这个世界上没有十全十美的东西,如果非去追求它,只能庸人自扰。

从前有一个圆,被一个顽皮的孩子给劈去了一小块,它感到非常自卑,然后它一心想找回一个完整的自己。为此它到处去寻找属于自己的那块碎片,不惜走遍全世界。

由于被人给劈去了一小块,现在它是一个不完整的圆,所以在寻找的途中他滚得非常缓慢。一路上,它与鲜花为伍,同昆虫们交谈,充分地享受着生活的快乐。

它找到了很多碎片,却都不是从自己身上掉小来的那块,但他并没有感到气馁,而是继续寻找着。终于有一天,他如愿以偿地找到了那块碎片,让自己又重新成为一个完整的圆。

然而,他滚动得太快了,以至于错过了花开的季节,忽略了虫子的呢喃,感受不到生活的快乐。后来它意识到了这一点,毅然丢掉了那块千辛万苦才找到的那快碎片。

我们不要去苛求完美。一个完美的人,从某种意义上来说,他也是一个可怜的人,他不能体会到追求时那种有所希冀的感觉。正因为完美,他也无法体会到自己得到了一直追求的东西的那种喜悦。杰出的科学家霍金是个全身瘫痪的残疾人,伟大的音乐家贝多芬失聪,然而他们的一生,却是辉煌灿烂的一生。

十全十美的东西是不存在的,正像苏东坡的那句诗:"人有悲欢离合,月有阴晴圆缺,此事古难全。"其实我们应该感谢这种残缺,正是因为有了悲欢离合,我们才会懂得去珍惜现在所拥有的;正是因为有了阴晴圆缺,月亮才能更加妩媚动人。同样,美丽的花儿有着丑陋的根,美丽的蝴蝶是由丑陋的毛毛虫变来的。

只有缺憾的人生,才是真正的人生。在这个世界上,每个人都有自己的缺憾。一位诗人说过:"生活中无完美,也不需要完美。"也许只有在鲜花凋谢的缺憾里,我们才会更加珍视花朵盛开时的温馨美丽;也许只有在人生苦短的愁绪中,我们才会更加热爱生命,拥抱真情;也许只有在泥泞的人生路上,才能留下我们生命的坎坷足迹。

万事万物,难有十全十美。相爱的人不能长相厮守,这无疑是一件遗憾的事情,然而恰恰是因为有这种距离,彼此才能把爱情永放心间,永远在对方心中留下最美丽的回忆。在品味这种缺憾之美时,有苦也有甜,这又何尝不是一种凄凉的美呢?只有品尝过的人,才知道其中滋味,喜忧参半,刻骨铭心,永世不忘!人生有缺憾,我们才有追求完美的理想和热情,也只有接受人生的缺憾性,我们才能真正理解和追求完美人生。

② 谁先学会宽容,谁先得到幸福

英国心理学家蒙台涅有一句名言:"一桩完美的婚姻,存在于瞎眼妻子和耳聋丈夫之间。"由此可见,婚姻不是找到一个完美的人,而是学会宽容地看待一个不完美的人,从而达到心灵的契合。正所谓最难容忍的是日复一日的平淡,最可贵的却是经得起平淡的流年。谁最先学会妥协,谁就是那个最幸福的人。

有一个非常形象的比喻:感情就好比一棵大树,有主干也有枝叶,虽然枝叶上也有果实,但最终的幸福只有主干可以永远地给你。现在觉得很重要的那个人,没准也许只是大树上的一个枝叶。只有找到主干,找准方向,才能真正知道你最想要什么和什么是幸福。

在一个水果摊前，一对夫妇在挑选着苹果。妻子对丈夫说："我们买这堆小的吧，比较便宜。"丈夫听后摇着头说："我看还是大的好，买东西不能只图便宜！"不想丈夫的这句话惹恼了妻子。

妻子当时就把脸拉了下来，把已经选好的几个苹果仍在一旁，生气地说："我不管啦，你自己爱买啥买啥好了！"

其实，大小苹果之间相差不过几毛钱的事，妻子却心疼了整整一路，无论丈夫如何劝哄，妻子一直都闷闷不乐。后来，丈夫也急了，朝妻子大吼了一句。妻子先是一惊，而后沉默地看他。

丈夫一副无可奈何状，低着声音说："你看你，你咋那么敏感呢，就这么大点的事，不至于生这么长时间的气吧？"

被丈夫这么一问，妻子沉默了，但心里还是委委屈屈的。过了几天，再提及时，丈夫居然把这事忘了，还反问妻子："你说有多少事咱俩意见是不统一的，难道非得所有的事情两人想法完全一致才能相爱吗？并不是我不同意你的想法就是不爱你了。"末了还来了句，"你就是被我惯的！"

妻子终于忍不住了，于是一场家庭战争爆发了。

有句话说得非常好：宽容就是不认为和自己不同的，便是不对的。把它用来形容到感情之事上，就是：爱之博大在于不认为爱人和你所想所做的不同，便是不爱你了。也许，大多数情侣吵架是因为这种鸡毛蒜皮的小事，在旁人看来觉得云淡风轻，可当事人却有如翻江倒海一般。事后想想，这些只不过是很小很小的事，当时却想不开，是多么不值得啊！

我们一定要记住"金无足赤，人无完人"，这个世界上没有一个人是按照你的要求来塑造的。拥有唯美思想的人，只会一味地要求，施与对方过多的压力，最终的结果是爱情破裂，两败俱伤。

人想要的实在是太多了，财富、权力、欲望、荣耀、被承认、被尊重……可在情感世界之中，你最想要的是什么？是他的物质、他的地位、他的爱、他的守候？

只有当你真正明白了这点，才能找到自己的位置以及自己到底该付出些什么。

想起钱钟书先生的《围城》，好像是解说婚姻的寓言："婚姻是什么?有人舍身要进去，有人拼命要出来。"婚姻看起来从来都是一种制度，古人有语："荧荧白兔，东奔西跑，衣不如新，人不如故。"在这个世界上，爱情是不会被交易的，交易的只有婚姻。

我们知道，每个家庭最初都是由两个人组成的。这两个人之前都是独立的个体，两个独立不相干的个体凑到一起，是不管怎样都没有办法完全融化交合的，也就没有办法重新塑造出一个没有一点裂痕的合体。所谓的完满，必定是两个人一条心，再加上无限的耐心、宽容和妥协，才能把两个独立的个体打磨得如同锁配钥匙般默契。

要想达到上述这种默契程度，你首先要知道你想要的是什么，你的追求是什么，然后再去了解对方想要的与追求的是什么。这些都是我们无法逃避的，只有靠后天的努力去追求和实现。

有一句话说得特别好："婚前擦亮双眼，婚后睁一只眼闭一只眼。"很多人在选择伴侣的时候，都会应了前半句话，恨不得找个无影灯把他照出原形才好。可真正值得借鉴的，则应该是后半句话。在没有犯原则性错误和大方向保持一致的前提下，那些无聊的琐事，就睁一只眼闭一只眼好了。

不要因为爱人与你的习惯不同或想法不同就认为他是不爱你的，这便是对爱的一种宽容。这种宽容从某种意义上说，也是一种妥协，它不会伤害你一分一毫，更不会因为你的妥协让你失去自尊和人格。在适当的时候，尊重另外一个独立个体的本色，在矛盾中寻求统一，在统一中化解矛盾，让爱情在螺旋上升中得到升华，这才是赢得幸福的明智之举。

③　要拥有爱情，先学会爱人

一位西方哲人说过这样一句话："与魔鬼搏斗的人，应当留心在这个过程中自己不要变成魔鬼；当你长久注视深渊的时候，深渊也正在注视着你。"同样，当你考虑别人的时候，别人也同样在考虑着你。要想拥有爱情，就要先学会爱人。

然而人类都有着这样的天性，无论自己是好是坏，都能容忍自己；可如果别人做了坏事，宽容起来就相对比较难了。我们会用另外一副眼光去品评别人，总喜欢抓住别人的小辫子不放，总认为别人的错误是无法原谅的，总习惯用最苛刻的语言去伤害别人，就好像自己从没犯过类似错误一样。这种不懂得爱人爱己道理的人，就是不懂得妥协的人。胡适和陈衡哲之所以会擦肩而过，成为历史的遗憾，正是由于不妥协造成的。

胡适对陈衡哲的感情，陈衡哲其实已经心有所感，可是胡适一直没有发出示爱的信号。陈衡哲是一个典型的东方女子，自小受到传统礼教熏陶，加上少女所固有的矜持，无论如何也作不出凰求凤的妥协之事来。

可是胡适呢？他敬陈衡哲犹如神明一般。他觉得如果向她求爱，无异于嘲笑她的独身主义。向一个抱有独身主义的女子求爱，就如同向一个修女求爱，甚至存有这种念头都是不圣洁的，是对陈衡哲的一种亵渎。

两个相爱的人，中间好像隔着一张纸，因为彼此谁也无法向对方和传统妥协。谁也不愿意先站出来将纸挑破，一旦于踌躇间错过，再回首也已是百年之后。

卢梭说："一个人对别人不承担义务，那么别人对他也不会承担任何义务。"同样，一个人要想获得别人的爱，他首先要主动地去爱别人，要想别人等他,他首先去等别人。柏拉图著名的麦穗原理,强调的就是这种妥协:"假如你用一生去等待,你必定能找到你所找的那个人,但是你愿意用一生去等待吗?既然你不愿意,那么请你珍惜手中握住的这一根麦穗吧!"没有妥协,两人就无法进行磨合,最终会像拍的电影《向左走,向右走》一样,一个向左走,一个向右走。

其实有时候,这种妥协也是非常简单的。比如,和爱人约会迟到了,要在第一时间向对方说抱歉,而不要解释说堵车。即使真的是因为路上出现了交通事故造成严重堵车,也不会拿来为自己的迟到开脱,因为你应该预料到会出现堵车的情况而提前一点儿时间出发。

俗话说:"知人者智,知己者大智!"世界上最重要的事请就是认识自己,不论男人还是女人。同时这也是一件非常困难的事情,就好比你看不到自己的后脑勺一样。也许人们总是容易注意到别人的过失,而且还习惯性地把别人的错误记在心上,很长时间也不能把它忘掉。可是如此一来,却把自己的缺点和所犯的错误忽略掉了,这是多么可悲啊!

懂得爱别人的人,他们绝对不会这样做。

他们在对待差错的时候,总是会先检讨自己错在哪里,而很少去找一些客观理由。因为只有先从自己身上找出原因,才会避免再犯同样的错误。如果出现差错的时候,只强调客观因素,而不作自我批评,甚至推诿抵赖,这样只能让事情错上加错,误人误己。

如果有人想抨击他们,他们会在遭到抨击之前,就先自责;如果有人想暗算他们,他们会在遭到暗算之前,就先躺下……千万不要以为这样做很傻,其实不然,这才是真正的智者。

因为就在自责的时候,那个原想抨击你的人没准会说出宽慰你的话语;就在躺下的时候,那个本来想暗算你的人没准会上前把你扶起来。其实,爱情也是一样的,爱得死去活来的并不多,真正能白头偕老的有情人往往是那些懂得宽容对方错误的人,他们爱对方要胜过爱自己。

④　管得太多不如试着妥协一下

现在许多夫妻都在追求独立,人格独立、经济独立、生活独立………其实,我们每个人都有追求独立的权利,这原本是一件无可非议的事情,并且还应该大力提倡。然而,有一些人把这种独立看成绝对的独立或自由,不允许任何人干涉,别人一旦触及到他们某一领域的利益,他们就会作出强烈的反应。

比如在经济方面,独立固然是好的,可独立并不等于说夫妻二人各挣各的钱,各花各的钱,严格划分出二人之间的经济界限,彼此绝不允许对方侵犯一点自己的经济利益。这样的两个人,在名义上虽说还是夫妻,可在感情的实质上早已形同陌路,非常淡漠。

孙兴和冯芳芳是一对夫妻,丈夫孙兴在政府里当公务员,妻子冯芳芳在一家国企上班。孙兴业余时间喜欢读书写字,很少去一些喧闹的场所娱乐;冯芳芳漂亮热情,业余时间喜欢去舞厅跳舞。

冯芳芳是一个喜欢热闹的人,没事的时候就拉着孙兴去舞厅,可是孙兴对于那种灯红酒绿的生活感到眩晕。起初几次,还迫于夫妻之间的情分硬着头皮陪她去过几次,可是后来他再也没有办法忍受了。

一天他在舞厅里怀着厌烦的情绪劝导妻子:"不要再到这地方来了。"妻子却反驳道:"如果我不让你看书和写作,你会同意吗?"

孙兴顿时哑然,愣愣地坐在沙发上,一支接一支地吸着香烟。他觉得妻子的理由是不对的:读书写字,是文人雅趣,格调高雅,能陶冶人的情操;而幽暗的舞厅,各种各样的人,在那里一起疯狂地摇摆,哪能与读书吟诗的雅事相提并论!"

孙兴在劝妻子戒舞失败后,并没有就此灰心,而是制定了一个"戒舞计划":

将自己的工资留在手里,不再按月足额上交给妻子,想通过这个办法,来"冻结"妻子的经济来源。可是冯芳芳把自己全部的工资都花在了跳舞上,而且每天都玩得非常开心。

于是,他生气地从妻子的屋中搬了出来,每日和妻子"横眉冷对",妻子也不甘示弱,同样也采取了"冷战"政策:丈夫的衣服不给洗,丈夫的饭不给做,丈夫的东西全被扔到"丈夫的房间"里,孩子每人轮流带一天。总之,他们彼此谁也不肯让步,整个家好像被分成了两部分。

最后,冯芳芳干脆辞掉了厂里的工作,自己去租了一组柜台卖服装。由于眼光敏锐,有胆有识,竟然干得有声有色,不久便自己开了一家时装店,办起了公司,财源滚滚而来,远非她昔日那点工资可比。

可是这个时候,"家"已经是名存实亡了,并在冯芳芳的心中留下了深深的阴影,她决定提出离婚。丈夫开始时不同意,并以孩子可怜为由,试图留住妻子,可是她去意已决,不可挽回。

冯芳芳最后说:"我们现在这样生活与离了婚又有什么两样?不同吃,不同住,互不沟通与往来,这和两个没有任何关系的人又有什么区别呢?缺的只不过是那一张离婚证书!"孙兴冷静地想了又想,觉得妻子说的确实有道理,便同意了离婚。一个原本很温馨很美满的小家庭就这样解散了。

故事里面的那个家庭的破裂,是因为丈夫对妻子管得太多所导致的。这里面的教训值得引起我们的重视与思考。如果丈夫与妻子中有一方稍作妥协,"糊涂"那么一点,不采取将家庭一分为二的分庭抗礼的方式来冷淡对方,换之以"润物细无声"的春雨似的柔情去感化对方,那么结果一定不会这样糟糕的。

其实,这种把配偶看做自己的私有财产,进而干涉对方的社交活动和限制对方行动的想法,是非常愚蠢的。俗语说:"物极必反。"管得太死,就会使对方产生逆反心理。对方不仅不认为这是爱的表现,反而觉得你太多疑,对自己不信任。如果整天疑神疑鬼,整天提防着对方,这样的爱会累死人的。在如此狭小的空间里,爱情之火就会窒息的。

聪明的做法是,三分流水二分尘,不要把所有的事情都探究个一清二楚,就算你天生有一双火眼金睛,世事洞明,到头来伤了的不仅仅是眼睛,还会连累婚姻。只要把握住婚姻生活的大方向,不偏离正常的轨道,有些鸡毛蒜皮的小事还是不要过于计较为好。戴尔·卡耐基认为人格成熟的重要标志就是宽容、忍让与和善。与其费尽心机地去管对方,倒不如试着妥协一下。

⑤　与遗憾相比,面子无足轻重

生活中有很多原本属于我们的幸福,由于不懂得珍惜,常常因为我们的指责和不必要的坚持而错失良机,从而拆散姻缘、朋友反目。仔细想想,谁是这中间真正的受害者呢?若只是为坚持矜持,为争一口莫名的气,而死拗着,那不是酷,也不是坚强,而是固执。

王娟和周洪宇已经恋爱三年了,现在终于快要携手步入婚姻殿堂了。可是为了婚礼上的一些细节,他们先是争执不下,继而演变成一次激烈的争吵。盛怒之中,王娟跳着脚喊道:“还是算了!干脆不要结婚了!”周洪宇也不甘示弱:“不结就不结,谁非要一定娶你了!”扔下狠话之后,两人各自鼓着一肚子气回家了。

其实这一肚子的气,气的都是对方,认为对方根本就没把自己当一回事!进而上升为:他(她)一定不爱我了。最后转化成:如果他(她)还爱我的话,就应该先打电话给我!这意味着双方都希望对方先主动示好,可却谁也不愿意理对方。

两人僵持着,不过在心底却又都渴望接到对方的电话。就这样,一个星期过去了,两个人都被折磨得心力交瘁。不比谁先把面子放下来,硬是要比谁拗得更久。一天,王娟的母亲来到了女儿的房间,还没没等她开口,王娟便高声地叫了起来:“不要劝我!我是绝对不会先让步的!”

母亲轻轻一笑道："我才不是来劝你的呢，我是来讲故事给你听的！"王娟恢复了平静，好奇地望着母亲。

有一对年轻男女，两个人情投意合互相欣赏着，唯一的问题是他们俩的个性都很倔犟，那个女生更是得理不饶人，每次吵架总要占上风才甘心。事后那个男生总会讲"我让你并不是我争不过你，而是因为我爱你"，那女生心里虽然好感动，嘴上可从不表露……

后来，有一回两人又为出国的事发生争吵，女生一气之下说出："我看最好还是分手吧！"话一出口她就后悔了。只是碍于面子，她当然只有硬撑，她以为他一定会像以前一样，让她、哄她，可结果是他没有。而她尽管满心悔恨和自责，却怎么也不肯主动向他示好。

就这样拖了一个多月。后来，她由同学那儿知道他出国的消息。她先是愤怒地骂他负心，怨遍了他的无情，可渐渐地……

当她冷静下来之后，当她有勇气面对自己时，才发现自己是多么愚昧和自以为是……

"妈妈……"

"妈只是想告诉你，真爱是包容、是忍耐，而不是意气用事！"

当天晚上，王娟就打电话给周洪宇，只响了一下他便接起了。

其实主动退让与示好，很多时候并不代表着懦弱或失败，它是一种聪明的表现。在爱的世界里，爱应该是成就一切的动力，而不是逞强争气的无聊争执。主动让步，主动示好，主动闭嘴，这些不是懦弱的表现，它不会把一个人的自尊破坏掉。相反，它是一种恢弘大度的至爱行为，是一种积极乐观的做事方法。

男女之间的关系如此，朋友之间也是一样的。很多好朋友之间，经常会因为一句话就伤了和气，严重的不再说话和往来。我们知道要交一个朋友需要很长时间，但是要失去一个朋友只要一秒钟。就这么简单地失去了一个朋友，无疑是一件非常遗憾的事情。

一位长者曾很深沉地说过："当一个人的生命接近结束时，他们回视自己这一生的时候,印象最深的,不是自己做了什么大的事业,有什么好的名声,而是自己曾经拥有过的爱有多少。"自己爱过谁,谁又爱过自己,也许这才是生命中最真实、最有意义的事情。

和伟大的爱相比,那些小小的自我,实在显得太微不足道了。如果你爱你的朋友并且尊重他们的话,不妨把那些不必要的面子扔掉,先主动去示好。假如你心中深藏着一些感谢的话,千万别把它一直闷在心里,找个合适的时间告诉那个人吧!在你有生之年好好感受一下爱的温暖,那感觉真好……

⑥ 妥协也是爱的表达方式

爱情有时就像是两个人之间的一场战争,唯一的悬念就是谁能将谁打败。要想让这场战争结束,总有一个人要选择放弃或者是选择妥协。

相爱的两个人在相遇之前,都有着自己独特的生活方式,同时也有着自己的个性习惯。

可能有人喜欢热闹,而另一个人却讨厌喧哗,在这个时候,就需要有一个人作出妥协。有人可能会说:"我对你的心没有变,只是我没有办法改变自己。"如果你不能改变就学会接受吧。我们每个人都有权利坚守自己的立场,这一点是没有错的。"如果我不妥协是不是就要分手?"不知道说这句话的人,是在考验对方还是在考验自己。假如真的分手了,是不是你就胜利了,从而证明了你没有妥协,有多么勇敢和伟大。

在现实生活中,我们总会互相指责对方。只爱自己的人,永远都不会放手,他是自私的,会始终坚守着自己的利益不肯让步。可是爱情要想继续下去,总要有一个人先退让。其实最后作出妥协的那个人,他爱的是你,而不是他自己。

帮别人开启一扇窗的同时,也能让自己看到更完整的天空。人与人之间往往因为一些彼此无法释怀的坚持,从而造成永远无法弥补的伤害。如果我们都能从自己做起,用宽容的眼光去看待他人,那么相信你一定能收到许多意想不到的结果。

一对恋人约好了在电影院门口相见,男孩子在电影院前面独自徘徊了一个小时,有点生气了,以为自己被放鸽子了。没过多久,女孩子终于来了,这时他的心情由焦急转变为放心, 然后又由放心转变为埋怨:"说好了七点一刻的嘛,这都快八点半啦!"

女孩子听后,也生起气来:"叫你多等了一个小时就这么没耐性,我怎么指望你将来对我好!"

男孩子一时被气得说不出话来, 他在心里嘟囔着:"这个无法理喻的女人,我真不想理她了,今天绝不和她说话!"

在街上逛了两圈,看她嘟着嘴、眼里泛着委屈的泪光,他自问自答:"何必这么得理不饶人?还是算了吧,我怎么着也是一个男人,该有点风度才对。"

于是,男孩子主动伸手把女孩紧紧揽在了怀里,那女孩在他的怀里轻声哭了。一起吃过晚餐后,男孩又温柔地把她送回家。爱有时候让人不争气,他真恨自己这么不争气,总是在她面前低头,明明没做错什么,还要自己打圆场。不过,他坚信这是值得的。

懂得让步和妥协的人是聪明而务实的,刚开始,可能会因为自尊心作怪,感觉有些不情愿,可等到作出妥协和让步之后,心底又会感到无比幸福和快乐。这其实就是为爱而妥协,退一步海阔天空。在幸福的面前,还有什么是不可以妥协的?

在爱情中主动妥协,并不是逼自己认输,而是用积极的决心来赢回彼此的信任。妥协是一门很难学会的艺术,要靠双方一起努力。假如其中一个人退了一步,可是另外一个人却得寸进尺,只会让彼此在爱情的沼泽中愈陷愈深。

于是我们明白了,原来妥协也是爱的一种表达方式。白菜和鱼翅都可以填饱肚子,只在于你的选择。聪明和愚蠢往往只是一念之差。我妥协了,我可以改变。改变是要付出代价的。这代价不会是由我一个人来承担。记住,在任何时候都不要用威胁的语气去对别人说话,也许结局和你想象中的并不一样。考验并不适用于每个人。

一旦爬上妥协的天梯,就会看见宽广的世界。把鸡毛蒜皮的小事都丢在脚下、埋进土里,当做幸福的肥料,滋养两个人甜美的爱情。

⑦　多给你的爱人一点宽容

在漫长的爱情马拉松中,要想坚持到终点,凭借的可能不是美貌和浪漫,甚至也不是事业上的成功,而是一个人性格的魅力,这种魅力是最吸引人的个性特征,而这种性格特征的底蕴正是一个人的宽容。

两个人在一起相处,最需要的是宽容,试着给你们的爱以及爱人松松绑。在一起生活,各方面难免会有交叉,也有分歧。我们一定要学会如何去理解,去宽容彼此之间的分歧,而不是把对方和你不一致的东西捆绑在一起,强扭的瓜是不甜的。两个人的相处,坦诚一点,简单一点,宽容一点,这样才会拉进你们之间的距离。既然如此,何不多给你的爱人一点宽容呢?

春秋时,齐襄公被杀后,公子小白和公子纠为争夺王位而战。鲍叔牙助小白,管仲助纠。双方在回齐国争夺王位的路上,管仲曾用箭射中了小白衣带上的钩子,小白险遭丧命。后来小白做了齐国国君,即齐桓公。齐桓公执政后,任命鲍叔牙为相国。可鲍叔牙心胸宽广,有识人之明,坚持把管仲推荐给桓公。他说:"只有管仲能担任相国要职,我有五个方面比不上管仲:宽惠安民,让百姓听从君命,我不如他;治理国家,能确保国家的根本权益,我不如他;讲究忠信,团结好百姓,我赶不上他;制作礼仪,使四方都来效法,我不如他;指挥战争,使百姓更加勇敢,我不如他。"齐桓公也是宽容大度的人,不记射钩私仇,采纳了鲍叔牙的建议,重用管仲,任命他为相国。管仲担任相国后,协助桓公在经济、内政、军事方面进行改革,数年之间,齐转弱为强,成为春秋前期中原经济最发达的强国,齐醒公也成就了"九合诸侯,一匡天下"的霸业。

在有些人眼里,宽容也许是一种软弱,是对他人的纵容。其实不然,一个懂得宽容的人是不会被纵容的。每个人都有自己的分寸,因为真正的宽容来自于一个人的内心深处。男人最怕女人的是什么?你可能会说:"母亲的唠叨、情人的纠缠、妻子的管制、女儿的娇纵、女友的误解和女同事的挑剔。"其实这些都不是最为重要的,最重要的就是爱他的人不能理解与宽容他。

给你的爱人多一点宽容,其实这个就是用手抓沙子的道理。要懂得给彼此适当的空间,适当的自由,适当的隐私,这样才会减少摩擦。当然并不是两个人在一起就不会有矛盾,当问题出现的时候,给对方一个机会解释和改正,不要得理不饶人。你咄咄逼人,只会让对方觉得改变起来有很大的压力,他会觉得你太过强势,会觉得和你在一起有很大的压力。

在爱人不图进取时,适当的保持沉默也是一种宽容。我们要知道每个人的一生都不可能一帆风顺,大多数人都会有周期性的情绪波动,这需要一段时间的调整。鞭打快牛的结果往往适得其反,有时沉默反而是一种无声的支持。

家是讲情的乐园,不是讲理的法庭。只有用爱营造幸福,用情化解矛盾,面对亲人给你的误解和伤害,在彻骨的伤痛之后,仍要艰难地选择宽容处之。宽容你的爱人,只要彼此的感情没有偏离原则的轨道。

斯特恩说过:"只有勇敢的人才懂得如何宽容,懦夫决不会宽容。"女人如果有了宽容,与男人的相处就会欢喜、顺畅得多。因为宽容,许多烦恼埋怨便会不攻自破,便会自动地烟消云散,退一步说亦伤不了你自己。伤不了自己,便是爱自己的最好方式。因此,宽容的女人是美丽的,也才能得到别人的尊重。女人不是因为漂亮而耀眼,而是因为美丽才动人。漂亮是与生俱来的,天生的,但美丽就不同了,她是靠后天的修养所得的一种独特的气质和涵养,而宽容就是这样一种高素质的修养。

男人需要来自女人的宽容。能够用心听男人夸夸其谈是一种宽容,男人在女人面前吹牛,往往不过是一种缺乏自信的表现。女人如果不能倾听,男人的自信会崩溃。能够放任男人和朋友们消磨时光是一种宽容,因为这是男人少年时逃避母亲过分的爱和关心的心理再现。

当今社会,面对异常复杂的社会环境和人际关系,大家都感到前所未有的压力,难免会有心情不愉快时,也难免会把这种不愉快带到家里。两个来自不同家庭、有着不同的教育背景的人,走到一起组成一个家,要担负起这个家所应担负的各种责任,就必须学会宽容对方。

当一方心情不愉快的时候,对方要试着用对待别人的那种态度,来理解一下爱人的行为。当双方为一件小事发生冲突时,如果两人都先暂时把对方当成陌生人,冷处理一下,等事情过过以后,再好好反思一下自己当时的行为,会觉得有收益的。一次不行就两次,两次不行三次……有一天,你一定能用宽容的眼光来看待爱人的短处,精心培育自己的家庭,让自己有一个好的生活环境,有一个好的身体,有一个天天可以真心挂念的人。

辑 *13*　听不得批评成不了大器

——对领导,理解一点又何妨

玉不琢不成器!工作中,我们经常会遇到批评。那么,在遇到这些指责时,我们应如何去做呢?其实,方法很简单,只要我们学会用积极的态度来面对,那么即使是错误也会变成丰厚的财富。

① 因为器重你，才会"刁难"你

"阳光总在风雨后"，只有历经磨难，才能展翅高飞。对领导的责难，不必过于深刻记挂，殊不知金子需要万般提炼。

孟子说过："故天将降大任于斯人也，必先苦其心志，劳其筋骨，饿其体肤，空乏其身，行拂乱其所为，所以动心忍性，增益其所不能。人恒过，然后能改。困于心，衡于虑，而后作。"

通常情况下，领导对下属都有一种"恨铁不成钢"的心理。领导希望下属能尽快地羽翼丰满、独当一面，可以早日成为自己的左膀右臂，让自己可以腾出时间来做更加重要的事。可是作为领导，他又不可能把自己的想法告诉下属，并且他也需要在日常的工作中进行观察，以图在适当的时候委以重任。

作为员工来讲，如果发现领导在表面上刁难你，但只是就事论事，那么他的目的都是为了提高你的能力和水平。

还有，要留心观察领导对待自己的态度，如果领导有意让你去做一些本职工作之外的事，那么千万不要误解了领导的意图，这很可能是你获得提升的前兆。领导真正欣赏的是那些面对"刁难"不卑不亢、不抱怨，仍然勤勤恳恳工作的人。

婷婷毕业后，去了一家游戏公司担任策划文案，她自认为自己工作能力很强，于是对待工作就不那么严谨。

有一次，公司要开发一项小游戏，领导把策划任务交给了婷婷。婷婷一直非常自信，认为只不过是项小游戏，于是只用了两天时间就把方案做完了。

领导拿着她的策划方案后，眉头皱了皱，告诉婷婷让她再重新做一份。婷婷不敢争辩，只好重新起草了一份。这一次，她用了三天时间，当她把方案交给领导时。领导草草浏览一遍，严肃地说："这就是你作出的最好的方案？"

婷婷见领导生了气，心里一怔，没敢回答。领导把方案递还给她，婷婷拿着方案，垂着泪回到了办公室。

接连几天，婷婷一直工作到深夜，反复地对策划方案思考、设计、修改，终于她又作出了一份新的策划方案。这一天，刚上班，婷婷就高兴地拿着新方案来见领导。领导看也没看，把方案放在一边，还是说了那句话："这就是你作出的最好的方案？"

婷婷见领导对待她辛苦作出的方案，如此草率，还三番五被质疑，终于生了气。她大声的说道："这就是我做的最好方案！"

领导见婷婷如此自信，"呵呵"一笑。从抽屉中拿出一沓材料说，公司最近准备做一项大型网络游戏，这个策划你来全权负责。

这时，婷婷这才明白领导的良苦用心。因为这项大型网络游戏的成败，事关公司今后的发展命运。

从此以后婷婷改掉了自大的毛病，尽职尽责地工作。不过三年，婷婷就通过自己的能力，进入董事会，分得了公司的股份。

有一句话这样说道："合理的要求是锻炼，无理的要求是磨炼。"这句话深刻地揭示了职场中的一些现象。

没有哪位领导会闲着没事干去折腾你，多数情况下领导是善意的，是为了让你能更好地提高工作能力。试想，如果领导全方面顺从你，就算你犯了错，也不指责你，你还能进步吗？

很多的时候，领导常常用一些"刁难"的小手段来考验你的心智是否成熟，能力是否出众，是否可以成为提拔的对象。如果在这个时候，你没有体会到领导的意图，那就会失去了非常宝贵的机会。

想要发现领导的真实意图，唯一的办法就是认真去聆听领导每一次的批评，仔细记住领导每一次指出的差错，深入分析原因，并在下一次加以改正。随着时间的推移,你会发现自己的能力在慢慢地提高,领导的"刁难"相应的也会越来越少。

小亮在南方某小型首饰厂从事打版技师工作,最近,他对工作的兴趣跌落到了谷底。

于是,他忍不住向好友倾诉:"唉,我必须换一份工作了。在这家加工厂,老板处处刁难我,总是让我做一些非常难的工作。"

他的朋友是一家外企人事部经理,因此问小亮:"如果你辞职了,那么对将来有何打算呢?"

小亮回答:"我可以换一家加工厂,重新开始。"

朋友皱了皱眉头,说:"你在这家加工厂已工作了两年,职位只是普通打版员,如果你现在离开,到了别的公司你能独当一面吗?"

小亮想了想说:"是啊,这两年我一直觉得老板不欣赏我,总是故意刁难我,以致我对工作没什么干劲。说实话,到现在我还没有弄清楚工厂加工流程到底是怎样的。"

朋友点了点头说:"对啊,你这样离开,对自己没有任何好处。还不如先在这里忍耐一下,等到你把工厂的业务流程完全熟悉了,再考虑跳到另外一家工厂去做一个高一点的职位。"

小亮觉得朋友说得很有道理,于是留在了原来的工厂。

从这以后,小亮每天不但认真地做好自己分内的工作,还努力研究整个工厂的加工流程。通过不懈的努力,一年后,小亮完全掌握了工厂加工流程。

令小亮疑惑的是,老板再也没有刁难他,反而很多事情都找他商量。不久之后,工厂因业务量增多,需要另开分厂。老板找到他,与他促膝谈心,并让他去新的工厂当主管。

与老板谈话后,小亮才恍然大悟:因为当时器重你,才故意刁难你。

职场中,很多人都有过小亮之前的想法,认为老板总是故意刁难自己,却从没有看看自己的工作到底做得如何,自己身上是不是还有不足的地方。对领导刁难的问题,我们应努力做好,用实力来证明自己,让领导的刁难化为前进的动力;万不可因为领导的刁难而自暴自弃,怨叹哀恨。

把"器重才会刁难"六个字牢牢记在脑海里吧,对领导的"刁难",我们不妨妥协一点,并且尽快地予以改进和提高。

② 积极地面对批评和指责

在面对责难时,我们不妨以积极的心态来面对,因为若是强行辩解,事物不但不会得到解决,反而更易走向极端。

"即使在私下,不破坏和谐融洽气氛与亲密合作的批评都是很难做到的。"英国学者帕金森如是说。

的确,和谐的批评是件不容易掌握的事情。既要让对方认识到错误的危害性,又要做到不伤其自尊,还要让其能欣然接受,往往很难做到。

工作中,由于每个上司的工作方法、修养水平、教育背景各不相同,对同一个问题的批评方式也会表现出明显差异。例如有的上司会温婉细腻、和风细雨地隐晦批评;有的上司则会疾风骤雨、刻薄尖锐地直接指责。

那么,作为下级的我们,在遇到上司直言不讳时,应当如何去做呢?我们应该这样想:只要上司的出发点是好的,是为了工作、为了大局、为了帮助我们,就算态度生硬一些,言辞过激一些,也要给予理解和体谅。只有这样,我们才能积极地进行反思、检讨自己的错误,而不是一味地去纠缠上司的批评方式是否过头、方法是否不当。

所以,面对上司的批评和指责,倒不如干脆地道个歉,以此堵住上司"严厉"的嘴。这样做,非但不会让我们受到损害,反而还会体现出你的宽容及涵养。

刚进世界五百强某企业工作的小刘,一天,他跟朋友诉苦说,他的上司非常喜欢当众批评自己的手下,不懂得给他人留面子,自己就被他批评过很多次。

小刘的朋友就问他:"那他批评你之前,你到底是有错还是没错?"

小刘嘟囔着:"就那么点小事,他至于那么刻薄吗?"

朋友看了看他,说:"如果你有错,上司不指责你,那么下次你也许还会再犯。倒不如痛痛快快地认个错,只有反思改正,才能在以后的工作中走得更顺。"

听了朋友的话,小刘在工作中更加细心、认真。渐渐地小刘发现,上司虽然会因为一件小事横加指责,但是也不是无的放矢,只要自己能主动认错并改正,上司的怒火就会平息。

随着日子慢慢推移,小刘在工作上犯的错误越来越少。上司自然看在了眼里,觉得小刘这个人能够虚心接受批评,是个好员工,就对他就格外地看重。后来,单位要给工作努力的员工加薪,上司还为小刘争取到了这个机会。

在职场中,身为一名合格的员工,被"严厉"的上司问责时,就应该保持积极的态度并认真加以改正。而那些不成熟的员工,在被批评时,神情态度极不服气,对待上司指出的错误也是草草了事,这样就不能怨上司有意"为难"了。

事例中的小刘,在经过朋友的指点后,在面对上司批评时,心态就非常好,以至最后上司为他争取到了加薪。所以说,在受到上司的批评和指责时,我们应当积极面对,并保持良好的心态。同时,还应该记好以下几条:

第一,有些上司虽然经常会批评指责下属,但他绝不会因此而感到快乐。实际上,他在批评别人的时候,自己的心情也会受到波动。所以他在提出批评和指责时,内心也会谨慎抉择。作为职场人,只要上司对我们进行批评,那肯定是因为有什么地方做得让上司不甚满意。因此,在被上司责骂时,首先应该想想自己在什么地方犯了错,抱着检讨的态度去虚心接受。

第二,多数上司一旦开口批评指责下属时,就会涉及他的威信和尊严。如果有"不懂事"的下属随意地顶撞上司,这就等于藐视他的威信,那么就将会带来更坏的后果。若是有下属把上司的批评当成耳旁风,受到指责后仍然我行我素,这就是对其尊严的赤裸裸挑战,让领导认为你眼里根本就没有他,因而就会大发雷霆。

第三,很多时候,上司能够指责下属,这就证明他还是看好这个下属,希望这个下属进步。那些他不看好的下属,他根本都不屑批评。

所以,作为下属,在被上司批评时,能够作出积极的回应,上司当然会感到高兴。这样,即使下属做错了事情,上司也会原谅。因为下属的虚心接受,会让上司有种被人尊敬的满足感。

诚然,受到上司的批评是很难堪的,再加上上司的批评如还没有道理,这就会更容易让我们产生抵触的情绪。假如此时的我们为了显示无辜,当面予以反驳,虽然得到的是一时痛快,但是却给以后留下了更多的麻烦。换一个角度想想,若我们是上司,在公开场合被下属反驳,我们会作何感想。

在职场中,还有一些这样的下属:在受到上司的批评后,既不反驳也不争辩,但他们会像霜打的茄子一样——蔫了,对工作都没有了心思,情绪也开始悲观,就像世界末日快要到了一样。

这样的下属,往往就是将上司的批评看得过重。被指责后,便开始怀疑自己的能力,甚至到了非理性的地步。整日提心吊胆、战战兢兢地工作,非但不能做好眼前的事情,反而还会对自己丧失信心,导致更坏的后果。

所以说,面对上司的批评和指责,不能过分地在乎,过分在乎反而会适得其反。只要搞明白上司因为什么原因批评了自己,然后进行改正就足够了,完全没有必要因为小小的批评而背上沉重的心理包袱。

职场中,作为一名聪明的员工,万不可让自己的心情被上司的批评、指责所扰乱。挨批评时不妨妥协一点,理性对待批评,巧妙处理指责,只有这样,才能更好地促使自己进步。

③ 工作上的苦难是一笔财富

没有深沉的积淀,怎会有日后的一鸣惊人?工作上遇到苦难时,没必要垂头丧气、恢恢郁郁,很多时候成功都是在磨难中练就的。

很多职场人士,经常抱怨说:上司太苛刻,任务太重,压力太大。

工作上的苦难,的确让人难熬。但是,不知你是否听过巴尔扎克的这样一句话:"苦难对于天才是一块垫脚石,对能干的人是一笔财富,对弱者是一个万丈深渊。"作为一个职场人,若是想要在职场中大显身手,就不要惧怕工作上的苦难。因为总有一天,你会在"苦难"中取得进步,会恍然大悟原来"苦难"也是一笔财富。

所以,上司苛责、任务重,其实也不完全是坏事。在吹毛求疵的上司手下工作,虽说是一种痛苦,但这种痛苦兴许会给我们今后的职业生涯带来意想不到的益处。

纵观现实,很多职场人一旦遇到苦难,往往就会感到无助、焦虑甚至愤恨,最终因承受不了而选择离开。在他们的眼里,在严厉的上司手下经历苦难只有坏处没有益处。他们没有看到,其实很多成功的职场人,他们初涉职场时往往也会历经无数的"苦难"。正是由于这些"苦难"的磨砺,才使他们获得了丰厚的职场财富,才有了以后混迹于职场的资本。

所以,当面对苛刻上司给你的"苦难"时,万不可盲目悲观地去看待,因为以后的你会明白,工作上的"苦难"是一笔巨大的财富。

在矿厂工作的吴立国很不开心,因为他觉得上司太过严厉。

吴立国清楚地记得,有一次,他辛辛苦苦熬夜赶出来的工作报告,因写错了一个字,上司就把他叫进了办公室足足责备了一个多小时。

还有一次,吴立国上班时,因堵车迟到一会儿,就这么一小会儿,上司就把他当月的奖金全部扣除。他觉得不服,就去找上司说理。没想到刚说了几句,上司就当场就发作,说他知错不改,还狡辩。吴立国觉得着实冤枉,心想,自己在这个严厉的上司手下工作了这么长时间,不但没有一点的好处,反而天天还要受他的气。

很快,吴立国就递交了辞职书离开这家矿厂,去了同行另一矿厂上班。

面对新矿厂、新环境,吴立国心里有些忐忑,他害怕再遇到一个严厉上司,还会像从前那样遭受"苦难"。可是,过了一段时间后,他发现新上司不但对他很和气而且还非常器重,他觉得自己算是遇到好上司了。

一天,他和一位同事一起吃饭,这个同事在矿厂混得很糟,经常被上司责骂。他对吴立国说:"我们这个上司呀,别看表面温和待人,实则脾气特糟,即使你写错一个字,迟到一小会儿,他都能训你半天,甚至开口骂人!"

吴立国听他这样一说,心想:"这个上司和我以前的上司没什么两样么,可他为什么没有对我发过脾气呢?"

很快,吴立国便想出了答案,原来自己在原先那个严厉的上司手下工作时间长了,为了避免被他责骂,做事总是非常认真,非常小心,逐渐地自己许多的坏毛病都得到了改正。所以,现在的这个上司见他工作认真努力,才会对他这么好。

这时,吴立国想到以前的那个上司,猛然间明白,原来曾经的那段经历并非苦难,而是真正的财富。

职场中,有过吴立国这样经历的人,恐怕不在少数。在严厉的上司手下工作了一段时间后,才发现自己许多的小毛病都得到了改正。

其实话又说回过来,有时候很多职场人自身存有的一些缺点,也需要有位严厉的上司来鞭策。假如所有的职场人都遇到一个很宽容的上司,对自己细节性的缺点不加指责,那么身为职场人的我们,就永远不会进步,甚至永远地错误下去。

所以说,在严厉的上司手下经历"苦难",不仅仅能带来"改正缺点"的财富,还可以激发我们的潜能,让我们能更好地面对挑战,提升自我。正如精神病学家哈德菲尔德所说:人如果处在危机当中,身体、心理、感情和精神都会激发出超乎平常的力量。

陈文贵和杨广毕业后同时来到一家制造厂工作,可是他们的上司属于那种比较难接近的人,经常板着脸训人。并且,他训斥人的言辞非常激烈,常常把员工训责得无地自容。

陈文贵和杨广因为刚刚毕业,在工作中常有许多不明白的地方,有时还会犯一些小错。他们的上司就纠住这些错误,当着全厂同事的面毫不留情地批评他俩。

脾气有些暴躁的杨广对于上司的不逊之言,终于忍无可忍。于是每当上司再批评他时,他常常会针锋相对,因而与上司闹出了不少矛盾。

而陈文贵每次被上司批评时,他都会主动承认自己的错误,并且还常常检讨自己不足,虚心向上司请教一些工作上的事宜。

杨广见陈文贵如此软弱,就问:"他对我们那么凶,一点小事就能把咱俩骂得狗血淋头,你干吗还对他那么好?"

陈文贵说:"咱们和他争吵,得到的也只是一些无用的口水,还不如和和气气的呢。"

之后,杨广还是我行我素,对上司还是一副不屑的神态;而小李则一如既往。

年终时,生产线的一位线长辞职回家,上司就向厂里推荐了陈文贵。

从以上的这个事例,我们可以明显地看出杨广就是一个有个性的小青年,他还称不上是一个真正的职场人。而陈文贵的做法就很明智,上司对他越严厉,他反而认真改正,对上司越好。

当今的职场,只有像陈文贵这样的职场人,才能更好地立足于职场。

　　立足职场需要牺牲精神，在面对上司严厉时，应该懂得容忍和避让。职场是一个权力和利益主宰的地方，这是一个极度现实的小社会，上司的喜恶会直接影响到我们个人的利益。所以身为下属的我们，面对工作上的"苦难"不妨虚心接受下来，因为这些"苦难"也是一笔难能可贵的财富！

辑 *14* 待人宽容助你赢得尊重

——对下属,亲和一点又何妨

成大事者,必定会严于律己宽以待人。在工作中,作为领导,只有放下所谓的领导架子,待人谦虚亲和,才能得到下属的尊重。其实,很多时候只要换位去思考一下,体谅下属的一些难处,用真心架起沟通的桥梁,就必定可以赢得下属的感激与尊敬。

① 换位思考，体谅下属的感受

一个领导只有学会了站在别人的立场上想问题，体谅下属，才算是一个合格的领导。

一个领导有没有魄力，跟他是否了解员工有着直接的关系。如果一个领导总能站在下属的立场上想问题，体谅下属的想法，就算这样的领导不是最优秀的，那至少也是合格的。

卡耐基说："与人相处能否成功，全看你能否以同情的心理体谅和接受他人的观点。"以同情的心理站在对方的立场去看问题，指的就是换位思考。如果领导者在与下属发生冲突与矛盾时，能够站在对方的立场上考虑问题，进而提出双方可以接受的意见或建议，最终解决问题，这样的领导又怎能不受下属的拥戴？

然而，现在很多领导不懂得站在对方的立场上思考问题。一旦下属在工作上出现问题，就按照自己早已经固定的方式去责怪下属，最后把自己跟下属的距离拉得越来越远。

老刘在自己的网络公司新开了一个项目，这个项目在前期需要投入的资金很大，不仅需要他亲力亲为地监督项目的运作，还要求与此项目有关人员在项目未完成期间不能请假。

新项目开展后，公司里不少员工都不得不在白天工作完后，继续加班。老刘看到员工们这样任劳任怨，就得意洋洋地说，这叫战友情谊！

但是时间一长，就有员工开始抱怨了。

那天，负责此项目的小李在洗手间抱怨公司没人性，说老板不但不替员工考虑,还变相压榨员工。老刘正好在洗手间外面,听到了小李的抱怨后,顿时怒火中烧。他指着小李,大声呵斥道:"你领我的薪水,就要替我干活。如果不想干,可以交辞职报告!"

老刘说的本是一时气话,谁知小李马上就递交了辞职书。

冷静后的老刘想到小李在此项目中有着举足轻重的作用,就有些后悔了。可惜木已成舟,怎么做也不能把小李留住。就这样,由于此项目的负责人小李的离开,老刘在这项目上付出了很大的代价。

从老刘的故事不难看出,一个不能理解员工的老板不是一个合格的老板。如果老刘能站在小李的角度上来思考一下,就应该能体谅对方的感受。这时,在对其进行安抚,那么此项目不仅可以顺利地完成,还能拉近自己跟下属的距离。可是老刘没这样做,因此,付出了巨大的代价。

在单位里,作为一个领导,必须学会换位思考,把焦点集中在下属身上,从下属的眼光出发,来寻找最可能影响他们态度和行为的管理方法。只有这样,才能达到无往不利的目的。而体谅下属的感受则是实现有效领导的起点,也是最佳的方法之一。

其实,不仅仅只是领导,我们任何一个人跟别人发生冲突的时候,都要学会站在对方的立场上来思考问题,这样才能进一步地化解冲突。

张光是一家大型企业的老总,是位值得人们佩服的企业领导。

在他手下工作的员工,对他的评价都非常好。他们用 10 个字来形容他:"平易近人,以他人为中心。"而张光常常挂在嘴边的管理秘诀就是四个字:"以别人的方式来想问题。"他总是能从别人对自己的反应中认识到自己的错误。

在张光前去国外的一家分公司视察工作的时候,有一天,他拿了一叠文件请秘书打印。当时,他习惯性地用很谦逊的口气对她说:"请把这些文件打一份,谢谢!"

秘书接过之后,就把它们压在一迭文件的下面。时间慢慢地过去了,一个小时、两个小时、三个小时……一天过去了,始终不见秘书把文件送过来。张光忍不住去问她，结果秘书告诉他，从他的口气中听出文件不急着用，所以就先做其他比较紧的工作了。

听她这么一说，张光才明白，这是两个国家文化的不同所造成的。在自己的国家，张光如果这样对自己的秘书交代的话，她便会知道要立刻完成。但是，在这里显然并不是这样的。于是，他笑着对秘书说："对不起，这是我的错，我没有交代清楚。"从此以后，他也学会了把自己的需求清楚地告诉她，以后再也没有误解发生了。

从上面的例子可以看出，张光之所以能够赢得下属的好评，很大一部分原因就是他会站在下属的立场上看待问题、思考问题、进而解决问题。他把他人，即自己的下属的感受作为自己领导有效性的重要指标。所以他从不会讳言自己的错误，并且敢于、勇于向下属承认自己的错误。这对一个领导来说，是非常难能可贵的。

在日常生活中，我们可以发现，很多领导喜欢把下属对自己的恭敬看成自己的领导有方。其实，长此以往，领导效力就会大受威胁。再看看张光，他以这种谦虚的态度去体谅下属，使下属对他格外信任，有什么对公司的发展有好处的想法都会积极地向他汇报。不但工作的激情被调动了起来，而且大家对公司的忠诚度都越来越高，公司业绩越来越好。短短三年下来，他的公司已经从毫不起眼的小商店变成了世界上有名的企业之一了。

当一个领导学会换位思考，知道体谅下属的感受时，下属是会感受到你的爱护的，他觉得他遇到了知音，所以，愿意以十倍，甚至于二十倍的真情回报于你。可见，换位思考是相互的。

② 下属的错也有上司的责任

在职场中,我们经常会遇到很多这样的领导,一旦他们的下属出现了错误,就先狠批一顿再说。却不先想一想,你是他的上司,他犯了错,你也有不可推卸的责任。

犯了错误,不管对于谁来说,都是一件不好的事情。而且很多时候,下属犯的错误跟上司有着直接的关系。

因此,当下属犯了错误的时候,上司先要反思一下:是否交代的问题下属没有听明白;是否制定的政策属下没能理解;是否自己的疏忽让属下抉择难定……当下属执行力不佳时,最大的问题可能就源自沟通,也就是说下属在没有搞清情况之前,就开始执行。

向晶在一家模具制造厂担任设计部主管,一次,厂里接到一批加工轴承的订单。这个客户是以前工厂的老客户,这次客户特别强调,加工的精度必须要达到国内一级的标准。

向晶就把客户给的草图草草交给了手下,因为是老客户,设计员仍按以前客户要求的精度进行绘制。

很快,图绘制出来,经过加工,厂里把样品寄给了客户。没想到,客户刚收到样品,就愤怒地打电话给工厂老总,说自己再三强调过精度,可加工出来的产品精度还是不达标,遂要求取消订单。

这个客户,老总可不愿得罪,因为他每年都会向工厂订一大批订单。

老总气得立马把设计部上上下下喊到会议室,足足骂了半天,最后强调,必须找到责任人进行严厉处罚。

身为设计部主管的向晶,当然知道"责任人"是谁,他把那个设计员叫了过来。问到底怎么回事?

设计员如实相告,说草图上根本就没标注精度,所以自己就还是按以前的精度来绘制。

向晶皱了下眉头,说,没有标注精度,你就不能问我,干吗要自作主张!说完,便让设计员把草图拿来,草图拿来后,向晶一看,密密麻麻的图纸上果然没有精度的标注。

原来,最大的错误是在自己。于是向晶就找到老总,说责任人是自己,并主动要求处罚。

老总见设计部主管主动承担错误,就说,客户那已经谅解了,不过以后万不可再出现此类差错。

向晶的故事,告诉了我们一个道理,那就是在工作中,很多事情不是下属没有努力,没有负责,而是作为上司的没有交代清楚,那么这样的责任当然只能让自己承担。

那么倘若下属犯了错误,主要责任在于下属,上司还要承担责任吗?当然要,毕竟下属的错误跟你有着间接的关系。所以,当下属犯了错后,你最好跟下属单独会面,把问题说清楚,然后一起探讨错误的前因后果,并鼓励下属以后多多与你磋商。无论成因是哪一种,都切忌向下属大发雷霆,尤其是在大庭广众之下。你只有尊重了对方,别人才会尊重你。

既然错误已犯,过多指责下属也无用。人生一世,谁都会犯错,而聪明的上司和愚蠢的上司差别就在于对待错误的态度和看法上。聪明的上司的做法是努力地承担责任,然后与犯了错误的手下一起积极地找问题的起因,挽救损失。而愚蠢的上司,看到属下犯了错误,不但不反思自己,反而把一切责任推给属下,试图让自己置身事外。殊不知,这样做,不但下属会恼怨你,而且你的上司也会对你心寒。

因此,作为一个领导,当下属犯了错误后,勇敢地承担下属所犯的错误,这不仅仅是你对工作的负责的表现,还能赢得下属的感激之情。

③　忠诚源自关怀

关怀能穿透一切杂念,直抵心窝。小时候,关怀就像一支棒棒糖,甜甜的,直达心底;长大后,关怀就像是一把钥匙,轻轻地开启着心灵的门;工作后,关怀就像是冬日的暖茶,沁人心脾,感怀铭记。

很多领导常常发出这样的感慨:这年头,员工才是"大爷",好不容易培养起来了,又要跳槽!其实并不是员工不忠诚,而是员工对企业对领导已失去了忠诚的信心。

那么身为领导,如何才能使员工对企业对自己忠诚呢?这就需要领导根据企业实际情况及员工具体需求,因情制宜,采取相关的关怀措施来培养员工的感情,激发员工的干劲。

正如常言所说的:士为知己者死。作为领导只有主动去关心员工,在企业内部培养出集体式的友情与家庭氛围,形成上下各层同甘共苦的感情链,才能赢得员工的忠诚。

每一个人都是有感情的动物,都需要得到别人的尊重、信任和关怀。假如领导能时时关心员工,那么员工对企业的感情就会逐步加深,进而会以数倍的努力来回报企业。

如果企业简单地把员工当做赚钱的机器来使用,对其生活漠不关心,那么员工就会丧失对企业的忠诚心,一旦有合适的机会就会离开。

现实中,有不少公司因为领导不注意与员工沟通思想,不重用也不重视他们,以至员工灰心丧气,工作消极懒惰,甚至经常与领导对着干。

小陈在南方一家电子厂工作,每天早上从宿舍出来就被厂车直接接到工厂。然后，就如旋转不停的陀螺，每时每刻钉在流水线上重复不停地工作十余个小时。

这本是工作，本也无可厚非。但是，流水线上的大小线长，每时每刻就如催命鬼一样，员工稍有愣神，便大声责骂。

小陈在这里丝毫感觉不到被人关心的温暖，相反能感觉到的只是企业一滴一滴在榨取他年轻的心血的寒意。从没有人问过他的生活现状、工作情况等，就算有时被问，问的也只是工作能不能再快些，效率能不能再高些。公司让小陈寒了心。

于是，小陈就想尽快离开这家工厂。

后来，小陈的辞职又被拖了两个多月，实发的工资也比应发的要少。自此小陈对电子厂彻底失望，甚至绝望，发誓今后再也不进此类企业。

失业后的小陈，在熙攘的劳务市场寻觅合适工作，因学历较低、身无技能，大半个月过去了，他仍处于待业状态。

一天，小陈再次来到劳务市场，他看见有位中年男子站在人群中，高举着牌子。小陈好奇地挤了过去，这才发现中年男子举起的牌子上写着：企业如家，我们是一家人……

失业已久的小陈，看着口袋里渐少的费用，就抱着去看看的心态坐上了中年男子的名车。

原来这位中年男子是一家服装厂的老板，他待人亲切，关心员工，这次工厂因订单突增，就想到这一方法来招聘员工。

小陈到了他工厂后，看着员工们亲善如一家，明白了企业对待员工确实不错，于是就留了下来。

最后小陈因表现突出，被提拔为线长。后来，有一家企业给出高薪想挖小陈过去，却被小陈断然拒绝。

每一位领导对下属的关心、爱护，下属都会铭记于心，并会以努力工作和对企业的忠诚来报答。

其实,关怀和奖励的方式有很多种。员工工作累了,哪怕你说一句"兄弟,辛苦了",员工也会感受到心灵的温暖。所以,身为领导,该给员工解决的问题就要及时解决,该为他们分担责任就要及时分担。

关怀和体贴员工,是作为领导的分内工作,并且你这么做的时候,不但能获得快乐,而且还能收获忠诚。

人们常说,领导要以身作则,身先士卒,与员工在一起,才能真正了解员工,得到员工的拥护。

遇到窘迫的员工,要舍得费心思、花口水,为其解围;遇到沮丧的员工,要多说几句鼓励的话,对其进行开导;遇到迷惘的员工,要指点迷津,对其指明方向;遇到自卑的员工,要多说几句安慰的话,为其重振信心;遇到痛苦的员工,要多说几句温馨的话,帮助其走出忧伤。只有乐于、善于帮助员工,实实在在为他们解决一些实际问题的领导,员工才能感恩不已,真心实意地关心爱护企业。

忠诚和感恩不是单方的义务,而是双方共同来营造出的氛围。现在也有很多卓越的企业并不过分强调员工忠诚和感恩,而是强调培育员工的契合度。

何谓契合度?契合度就是指员工在价值观、事业追求等方面都要与企业要求匹配,进而在感情上和理智上愿意为企业真心付出,只有这样,员工才能在潜移默化中提升对企业的忠诚和感恩。

"将心比心",这是一句善解人意的话。若每个领导在生活和工作中都能将心比心地去替员工想一想,对员工多尊重、宽容和关怀一些,那么何愁员工缺乏忠诚,流失忠诚呢?

④ 高高在上会被下属疏远

职场中,想要当好一名领导,就切忌高高在上,对下属持俯视态度。真正有涵养、有经验的上司,都能够平易近人,做到与下属和睦平等相处。

因为只有这样,才能真正赢得下属的拥护和爱戴,才能真正树立自己的威信。

有的领导可能会这样想:我是公司的领导核心,是公司权力的拥有者,如果在任何场合都与属下打成一片,那么还怎么领导他们?怎么去发挥权力的职能作用?

这样想确实没错,可是没有人要你在任何场合下都在下属面前没有丝毫领导的架子。作为领导,谁都想拉近自己跟下属的距离,赢得威信。可是你总是把自己弄成一副高高在上的样子,又怎么能得到下属的了解和信任呢?

某局长平时对待下属都是高昂着头,就连逛市场、进餐馆,他都是鼻孔朝天,睥睨一切。

他的属下和市场业主们对他也都毕恭毕敬,对他丝毫不敢有半分不敬。

这位局长对此也都习以为常。直到一次,他去医院看病时,由于病人较多,他足足排了一个小时的队才走进医生的诊疗室。而医生看他进来,斜睨了一眼,就指着桌前的一张椅子说:"坐下。"

局长哪里受过这般"冷落",顿时怒火冲天,站起来就冲医生大声说:"我是局长。"

这时,医生总算抬头看着他。然后,若有所悟地点点头:"噢,局长?那你坐两把椅子吧!"

　　这个故事告诉我们，身为领导，如果时刻把自己放于高高在上的位置，那么必然会遭受不必要的心理失落和他人暗中的嘲讽。

　　若在拥有一定的权力后处处表现得高人一等，处处以威严的面孔出现，这样下属不仅会觉得你面目可憎，不愿接近你，他人还会对你会嗤之以鼻。

　　由此可见，领导想要与下属平等相处，首先就必须放弃所谓的"官架"。对待下属要随和、亲切，而不要自抬身价、故示威严，使下属觉得你高不可攀，仿若泥像。

　　有一家刚成立不久的公司，一次，老板收到了客户赠送的五张免费旅游券。

　　老板拿着这五张旅游券犯了难，因为公司目前有六个人，再怎么分，都要有一个人得不到。

　　五位员工心里也在嘀咕，都想看看老板到底如何分配这些旅游券，因为谁要是没得到，就证明老板不喜欢他。

　　终于，老板拿着旅游券一张一张地分给员工。每接到旅游券的员工，脸上就溢满光彩，他们得意地看着渐少的旅游券，想着到底会有谁失落。

　　旅游券最后发完，奇怪的是，所有的员工包括老板的手上都拿着一张旅游券。

　　老板看着满脸疑惑的员工，"哈哈"一笑，搂着他们肩膀，"我们是同一条战线的战友，不就一张旅游券嘛，我自己掏钱买了一张。"老板晃了晃自己那张旅游券说。

　　这位老板做法就很好，公司虽然不大，但在这次旅游券事件上，就显示出了他优秀的管理才能。对下属不分亲疏远近，一视同仁。遇到棘手问题时，宁可自己吃点亏，也不让员工寒心。一张旅游券才多少钱，如果这位老板真的在乎这点钱，而让一名员工没有分到，那势必会使其倍受打击，从而对老板产生憎恨心理。

　　假如下级发现领导者能公平公正地对待他，那么他定会心情舒畅，干起活儿来，也必定十分努力。

反之，如果下属发现领导者"偏心眼儿"，那么可以想象，被冷落的一方定会怨声载道，充满怨气。而旁观的第三者，也会同情地站在他一方。如此，一个团体就会出现裂痕，干起工作来就不会那么顺意。

每个人都期望得到他人的尊重，希望获得平等的与人交流的待遇。如果身为领导的你，过分看重自己，而忽略属下的感受，那么今后必将会因此付出更大的代价。

战功赫赫的拿破仑，一次得意地对他的秘书说："你也将会永垂不朽了。"

秘书一头雾水地看着拿破仑，不知他是什么意思。

拿破仑看着大惑不解的秘书，进一步提醒说："你是我的秘书呀！"

他的意思是说，秘书可以沾他的光而名垂青史。不过，秘书是一个很有自尊心的人，于是他反问道："请问亚历山大的秘书是谁？"

拿破仑被他问住了，想了想，自觉失言，一拍大腿，说："问得好！"

秘书巧妙地暗示了拿破仑：亚历山大可以名垂青史，但是他的秘书却无人知晓。

文中的拿破仑，就是因为只看到自己，以为自己拥有一切，属下也会同样拥有。殊不知，这样高高在上、不可一世的姿态，只会与下属产生隔阂，进而与下属疏远。

在工作中亦是如此，身为领导，不要常以"领导者"自居，要放下架子，以平等友好的态度与下属相处。只有这样才能与下属打成一片，受到下属的拥护和爱戴。

⑤　不要对下属言而无信

"言必行,行必果",言而有信,是一个人安身立命之根本。只有守信,领导者才能更好地发挥影响力与号召力。

《论语·为政》里有这样一句话:"言而无信,不知其可。"说的就是做人做事要讲究诚信,不然,什么事都干不了。

作为管理者,更应该如此。对一个对工作、对属下负责的领导来说,诚实守信更能彰显出他的人格魅力。管理学家说:"一个人不能做到守信,那么这个人这一辈子就很难再有所为了。"

可见,作为领导者,决不能将自己应允过的任何事忘却脑后。若不然,不但自己形象受到损害,下属也会对你失望甚至厌恶。

所以,领导者若想充分发挥影响力和号召力,那么就必须遵守诺言,待人以诚,只有这样,才能得到下属拥护和尊敬。

小辉在苏州一家电子公司做跟单员,公司规模不大,员工加上老板也就二十多人。公司因为刚成立不久,制度还都不大完善,一切规定都是老板自己说了算。

一天,小辉按照订单的要求给上的海一家客户发去一批完成后的产品。没想到,客户打来电话,大发雷霆地质问,说他们订的是防静电胶皮,不是送来的白色防火板!

小辉马上查看订单,发现订单上写的确实是防火板,自己并没有弄错。

正当小辉和客户解释时,老板走了过来,开口便骂:"你是怎么做事的啊?都说了是防静电胶皮,谁让你送防火板?若是影响了客户工作,收不到货款就从你的工资里面扣。"

小辉见老板责怪他,就说:"我是按你以前写给我的原单来做的订单,原单上明明就写的是防火板。"

老板急道:"怎么可能,我明明记得我当时写的就是防静电胶皮,怎么到你那了就成了防火板了。"

小辉这个人平时非常细心,他也知道老板言而无信,所以就把老板写给他的所有原单都保留了下来。

他找到那张原单,递给老板说:"你看,上面分明写的是防火板!"

老板看到那张原单,脸色变得更加阴沉,歉也没道就走了。

没过多久,小辉就辞职离开了这家公司。

真正好的管理者,必须要言行一致、表里如一,切莫阳奉阴违、口是心非。要想真正取得他人的信任,管理者的诚信就不能流于形式,而要一诺千金,即使当初做了错误的决定,也要予以兑现。

就如古话所说的"言而无信,行之不远",若想真正取得他人信任,让下属忠诚于你,那么管理者就必须履行承诺和遵守当初的契约。

好比一家新开的公司,为了激励销售人员,初定的提成制度必定较高,以至有的销售人员会拿到天文数字般的提成。假若在这时老板取消了当初的提成制度,那势必会丧失公司的信用,从而导致员工内心愤恨,给公司带来更严重的挫伤。

国内有一家大型民营企业,专门生产数控机床。1996 年时,公司成立了一个项目部,开始仿制国外先进的加工中心。

当时,国内市场上很少有国际前沿的数控机床,因为国外并不卖给中国。可是先进的加工中心在民用和军工市场有着巨大的潜力,而且利润空间比普通机床大得多。

为了加快进度,抢占国内空白市场,集团领导对加工中心研发组许下承诺:如果在规定的时间内研制出达到特定技术指标的产品,将给予研发组 30 万元的奖励。

研发组在老专家的指导下,年轻的设计师们开始了废寝忘食的工作。经过大家不懈的努力,最后加工中心在规定的期限内开发了出来,并达到了国际较先进的水平。

与此同时,企业也开始为加工中心的上市做着各种准备活动。然而,当时的国内制造业并不发达,普通的机床就已经够用,市场对加工中心高昂的价格望而生畏,以致对加工中心的推介活动反响平平。

市场的反应浇灭了企业上层领导的热情,上层放出话来:"因市场对产品不认可,所以奖励事宜不算。"

长期辛苦工作的研发人员顿时心灰意冷,也就几个月时间,多数研发人员纷纷投奔对手公司。

几年后,随着中国逐渐成为制造业大国,先进的加工中心在国内制造业市场上炙手可热。当企业想要重新启动项目时,当年的研发人员只剩2人。

而研发人员投奔的那家对手公司,因拥有一批完整的研发人员,很快在这个市场上站稳脚跟。

从这个事例中,我们可以得知,若是言而无信,不仅会寒了员工的心,还会让员工抛弃企业,从而失去更大利益,就像俗语所说的:"水能载舟,亦能覆舟。"民众信任则能"载舟",民众不信任则可以"覆舟"。

一位企业家曾说过这样的话:"一家企业要想成功,关键是要对自己的员工诚信,不能朝令夕改,不能违背诺言,只有做到这些,才能让员工更好地跟着企业走。"

还有,如果领导的承诺与企业的制度相冲突,而下属又完成得很好。那么,这就必须要兑现,甚至不惜修改制度为代价。只有这样,下属才能对你产生信任,对企业忠实。

修改制度,可能有人会觉得,这样领导者岂不是凌驾于企业之上了?其实不然,领导者在一定意义上代表的就是企业,而不是个人。人无信不立,企业亦是如此,所以言而有信在企业管理中至关重要。

辑 *15*　世间没有永远的敌人

——对对手，谦让一点又何妨

世间不存在永远的敌人。面对对手时，很多人常常会针锋相对，得理不饶人，为一丁点的利益就争闹不休。其时，完全没有必要这样，遇事时我们不妨妥协一点，让他一步又何妨？

① 恰到好处地放弃，就是双赢的妥协

世间不存在永远的敌人，面对对手时，我们不妨作出一些妥协，放弃小利以赢大利。

在这个竞争日趋激烈的社会，很多人往往会面临许多抉择，而恰到好处的放弃，正是为了赢得胜利而采取的暂时性妥协。

正如比尔·盖茨说的那样：所有的竞争，都不可能使一方成为最终的统治者，在消耗无数的人力和财力后，最终谁都不可能成为赢家。

所以，很多时候，我们需要明智地放弃。只有放弃那些不切实际的追求，才能够把有限的精力集中到能够成功的事业上。妥协是为了得到，放弃是为了避其锋芒，而真正恰到好处的放弃，才是胆识与谋略的综合。

不是有这样一句话嘛：世间没有永远的敌人，只有永远的利益。矛盾存在于利益中，只有放弃一些小利，才能化解矛盾，为大利赢得更多的时间与空间。

明朝时，宁王朱宸濠反叛，此时的王守仁正率部镇压地方叛乱。获悉朱宸濠造反，随即率部水陆并进直捣当时朱宸濠的老巢。

由于他的多谋善断，仅35天，就生擒朱宸濠。

当时皇帝明武宗身边有位宠信江彬，他一向嫉妒王守仁，就向武宗进谗，说："王守仁和朱宸濠原本就是同党，就因朝廷要派兵征讨，王守仁才抓住朱宸濠以求脱罪。"

武宗信以为真，正准备加罪王守仁。时任提督军务太监张永与王守仁私交甚密，于是就和王守仁商量，说："现在只有把擒拿朱宸濠的功劳让出去，才能避免不必要的麻烦。如果坚持下去，江彬势必狗急跳墙，指不定会作出什么无耻勾当！"

于是，王守仁就把抓住朱宸濠的功劳让给了江彬，自己则称病去了寺院休养。不久，武宗得知事情的真相，遂免除了对王守仁的处罚。而王守仁利用居住寺院的这段时间，勤奋刻苦学习，终于成为"心学"流派的重要代表人物。

恰到好处地放弃不但是一种人生境界，而且还是历尽跌宕后对世俗的一种淡然。它是阅尽人间沧桑后对物欲的一种从容，也是成竹在胸、运筹帷幄的一种自信。

王守仁正是懂得恰到好处地放弃，才保住性命成就了以后的伟大。明智的放弃，有时是取得成功的最好选择。

其实，恰到好处地放弃也是一种人生智慧。一个人只有不为世俗的微功小利煞费心机，他才有可能避开身边无谓的争斗和纷扰，认真去思考自己真正需要的一切，从而可以积蓄力量奋发向上。

在工作和生活中，有很多的人就是因为不愿意放弃，不知道恰到好处地放手，最终才导致郁郁寡欢，一事无成。

小马刚到钢制品厂当业务员时，为了得到领导的青睐，他对客户总是一板一眼，"钉是钉，铆是铆"，尽量不让公司利益受到一丁点损害。

为此，领导多次表扬小马实诚，说他尽职尽责，不像有些业务员，为了完成业绩，不惜牺牲公司利益。

但是实诚有时也并非是褒义词，小马的销售业绩与其他同事相比，明显差了很多。小马想不明白：难道自己为了公司的利益着想，有错？

有一次，小马在和客户谈合同时，客户说这次订单量大，要求价格在原有的基础上再下调。小马为了公司利益，据理力争，说，这是公司的制度，价格不能再下调。

正当他们快要不欢而散时，小马的领导匆匆地赶了过来，连连向客户说："一切都好商量，一切都好商量。"

最终，领导答应了客户在原价格上做了一点下调。客户走后，小马问领导，为什么要给他下调价格。

领导看了看小马,说:"这个客户,此次订的单并不算小,后续他们需求的货会更多。只有先妥协一些,让点好处给他们,才有可能赢得他们后期的订单。"

果然,没过多久,客户就再次与他们厂签订了更大的合同。

"有得必有失",我们在与他人发生冲突时,切不可一味地争强好胜,在必要的时候,后退一步,恰到好处地放弃,也未尝不是一种明智、不是一种拥有!但是在现实中,很多人都不懂得及时放弃。比如,明明知道自己的选择错了,但仍然还在坚持;明明知道现在放弃蝇头小利会得到更大利益,可仍然只顾眼前,舍不得面前的这点微利。像这样的人,终究会为了所谓的"坚持",而付出巨大的代价。

恰当的放弃,不是怯懦,不是自卑,更不是自暴自弃;恰当的放弃,是一种蓄藏,是一种策略,也是一种双赢。现代社会是一个共存共荣的社会,双赢在此体现了一种公正的价值判断,其不仅表现在对别人利益的尊重上,也表现在对自身利益的取舍上。

由此可见,只顾自身利益而不顾他人利益,想要有所发展的时代已经不存在。利益需要共享,只有形成良好的互助合作关系,让他人得益,自己才能成功。

人生也有太多的欲望,只有懂得恰到好处地放弃,才能在人生的十字路口中不迷失方向;只有做到恰到好处地放弃,才能在诱惑的漩涡中找到自我;人生还有太多的无奈,只有学会恰到好处地放弃,才能在漫漫人生路上更好前行。

② 让步妥协,巧妙化解冲突

在当今利益多元化的社会里,利益冲突已成为日常生活和工作的一种常规现象。我们经常会看到,有些冲突发展到最后,往往会将与冲突无关的因素夹杂进来,从而使得冲突失去可调控性,变得更加激烈,导致无法挽回的后果。

那么,在面对诸如此类的冲突时,我们应当怎么来预防呢?这就需要我们学会通过让步妥协的方式规避可能到来的更严重的矛盾冲突。

因为在如今复杂的市场背景下,只有将矛盾尽可能地置于理性的范围内,通过妥协让步才有可能成功地得到化解。

国内有两家做水晶饰品的加工企业,他们在国内水晶行业都称得上是龙头。

一次,两家企业分别派出 A、B 采购人员去巴西购买急需的水晶某类原料。他们来到巴西一家大型矿场后,竟意外地在这里看到了彼此。

矿主分别对 A、B 说:"水晶是不可再生资源,何况你们需要的那类水晶本身就稀少,加上这些年矿场开采量过大,所以价格要上涨。"

"这不是坐地起价么!"A、B 心里愤愤不平,暗想道,"巴西有这么多的矿场,你们没有货,那我就去找别的矿场!"

于是他们以请示国内总部为由,告辞离开。矿主看着他们分别离开的背影,淡淡地冷笑一声。

离开这家矿场后,他们分别去了其他的矿场,但令他们奇怪的是,那些矿场不是说没有了这种原料就是要价比那家矿场还要高。

为此,A、B 又返回那家矿场,矿主把他们安排到一起,告诉他们:"现在矿场没有你们要的那么多货,库存仅够你们其中一家使用!"

A一听,刚要争辩,却看到B朝他使眼色,便立刻沉默不语,会议无果而散。到了晚上,A找到B,问他为什么使眼色不让自己与矿主争论?

B说:"我们若是与他强行进行争辩,这就说明我们急需这类货,这样他要价反而会更高。他把我们召集在一起,就是想让我们俩抬价竞购!"

A就问B:"那该怎么办?"

B说:"国内市场目前急需这类货,你我两家更是。我们之间如果互不相让,彼此不做妥协,抬价竞购,这只能让他人得利。"B看了看A,接着又说:"你们肯定也有加价预案,这类货的价格不是不可以上调,只是幅度不能太大,要不这些矿主就会得寸进尺。"

A见B如此说,点了点头说:"这些矿主之间好像通过气,以前这个矿没货,去那个矿定会买到,现在你看……"B说:"很有可能,既然他们这么做,明天我们……"

第二天,B跟矿主说:"总部来了通知,那类货只能采购十分之一。"矿主一听就急了,连忙说:"你们怎么这么出尔反尔,货都给你们准备好了,说不要就不要了?你不要,那我就卖给A。"

B一脸无奈,叹气道:"上几天,你要是卖给我,也就卖了,但现在运费、关税等等都在上涨,而且国内终端销售市场也不太景气。"

后来,B与矿主都作出了妥协。B在原先的基础上采购一半,矿主在上调的价格上再下调一些。

A按照B与矿主的协议,也要求矿主给相应的价格。矿主说,给相应的价格不是不可以,但A采购量必须要增加。

最后,A也作出妥协,增加了采购量。

在返回国内时,A与B"哈哈"大笑。A把多采购的给了B,并说:"让步妥协,才能皆大欢喜呀!"

面对冲突时,换一种思维方式,矛盾可能就会迎刃而解。世界上没有你死我活的对手,冲突双方的目标仅仅是为了获得自己的利益。如果仔细分析一下,就可会发现,在冲突的背后,往往存在着互相的猜测与恐惧。

只有妥协避让,化敌为友,才能获得自己想要的安全。人与人相处,也应这样。在遇到矛盾时,各自退让一步,妥协一点,就能大事化小,小事化了,握手言欢。

康熙年间,身为文华殿大学士兼礼部尚书的张英,一次,家人飞书到京城。张英还以为家中出了大事,忙拆开书信。

原来,家人和邻居吴家就宅基地问题发生了争执。两家公说公有理,婆说婆有理,谁也不肯让步。家人想让张英出面,来压制吴家。

张英看着书信,笑了笑,挥起大笔,在纸上写下:一纸家书只为墙,让他三尺又何妨。万里长城今犹在,不见当年秦始皇。

家人收到张英书信,还以为是条计策,急忙拆开,才发现是妥协让步的信。后召集家人商量,最后主动退让了三尺。

吴家见张家让出三尺,十分感动,也让出三尺。于是,两家之间便形成了一条六尺宽的巷子。

历史上的"六尺之巷"故事,就是由此得来。

想要让他人敬服,首先得懂得退让,只有正直良好的品德才能树立起威信形象。如果冲突发生时,一方坚持己见,认为自己都是正确的、对的,那么矛盾就会加大,冲突就会加深。

所以,在人际交往过程中,遇事首先要礼让三分。只有做出适当的妥协,矛盾冲突才能得到化解,自己也才能使他人信服,从而获得想要的利益。

③ 互惠互利, 才能共赢

在工作和生活中, 很多时候不必你死我活, 方知只有你活我也活, 彼此才能更好地携手, 同创辉煌。

有竞争才有压力, 有压力才有进步。在这个飞速发展的社会里, 竞争存在于社会的每一个角落。那么, 我们应该怎样来面对这些竞争呢?社会犹如一个大家庭, 作为家庭的一分子, 我们只有学会与他人合作, 才能取得想要的成功。

培根说过这样的话:"嫉妒可以使你得到短暂的快感, 也可以使不幸变得辛酸。"

嫉妒有时的确令人难以忍受, 因为它认为别人的前进就是自己的后退, 于是自卑、愤怒、屈辱便充斥于心, 进而作出我得不到, 你也休想得到的极端事。

在单位, 小孙和小郑关系非常好, 哥俩就如亲兄弟般。你买的东西我可以吃, 我的衣服脏了也可以穿你的。如果有人说了他俩其中一人不好的言语, 那另一个人准跟说坏话的人没完。

前些日子, 单位传出要调整岗位的消息。小孙和小郑两人因岗位大致相当, 所以极有可能被调走一人, 可是两人对目前的岗位都非常喜欢, 深怕自己是调走的那个。此后, 尽管表面上看两人并系还是很要好, 实际上他们暗地里都偷偷地较起了劲。

比如小孙跟小郑说单位的一些事, 小郑就赶忙说:"回头再说吧!"有人说小郑干活特快, 小孙却在一边说:"快是快, 但错误也不少。"

这如果放在以前, 小孙和小郑绝不会这样。不久, 单位岗位调整结果公布:

小孙和小郑都被换了岗位。

原来，上司对他们两人这阶段的表现非常不满，于是就把他们都给换了。虽然还在一个单位，但小孙和小郑再相遇时，神情漠然、形同陌路。并且时不时地，单位的其他人都会听到他们互相在说彼此的坏话。

这就是过于极端所产生的后果，两个好朋友不仅从此变成了敌人，还都没得到自己想要的东西。

假如小孙和小郑能够公平竞争，不怀嫉妒，说不定他们不会被调换岗位。可是，他们相互间却形成恶意竞争，你说我坏话，我说你不好，在被上司知道后，自然会把他们调换。

正如现在很多人动辄失眠，情绪暴躁，可去医院全面检查身体后，却没有检查出什么毛病。实际上，这就源自于自己对周边事物产生的一种嫉妒心，而后郁积于心，导致心理失常。

所以，对于一些困难，我们倒不如采取与对手携手合作的方式来共渡难关。

还有一些人，他们在与对手竞争时，想方设法地要找出对手的短处，实在找不出来，就不惜造谣，以求把别人也拖下来。这就如鲁迅先生批评的一些人："我不行，而你也和我一样，索性大家都不活，拉倒大吉！"

可见，不管做什么事，嫉妒都是要不得的。只有相互合作，大家才能你好，我也好。

有两家团购网站，我们就称他们为 A、B 网站吧。

只要 A 网站今天新上了一个项目，那么同类的项目隔天就会出现在 B 网站首页。一次，A 网站市场人员好不容易与一家大型商家谈妥，约定进驻他们的网站。不料，此事也不知怎么被 B 网站市场人员得知，B 网站市场人员就跑到此商家，告知若是进驻自己的网站，分成比例将会优于 A 网站。结果，这个商家却跑到了其他的网站。

还有一次，国际某著名餐饮店想搞活动，欲加入一家团购网站。为此两家团购网展开了一场恶意的价格竞争，最后甚至到了不惜亏本也要抢下客户的程度。客户看他们总是一再答应自己提出的苛刻条件,便认为他们是实力不足,于是干脆在自己的网站上搞起了团购。

两家团购网站经过历次的恶意竞争,流动资金已捉襟见肘。这时,他们知道若是再这样继续下去,就算打败对手,也会你死我半死。

后来,两家团购网站开了一次领导层会议,商定的结果是:摒除陈见,握手言和,合作共赢,共谋发展。

此后,A、B 两家团购网站携手共进,终于在众多的团购网站中脱颖而出。

恶意竞争存在着太多的问题,它不但可以伤害别人的利益,而且也会使自己的利益受损;恶意竞争也会带来一定程度上的相互遏制和消耗,从而造成有限资源的被挤占、浪费,就像 A、B 两家团购网,恶意竞争的结果,只会伤己伤彼。

大海中的海葵虾与海葵合作得就很好。每天,海葵虾用它那两只大螯夹着海葵东游西荡。一旦海葵虾碰到危险,它便立即把海葵提起。因为海葵身上带毒,威胁者就会放过海葵虾。这样,海葵虾便可以无忧无虑地整日到处觅食,不再惧怕其他海洋生物,而海葵因为是腔肠生物,海葵虾吃剩后的残留物就够它饱腹了。

所以,在如今的社会,彼此间不能因为一点利益就斗得你死我活。世间没有永远的敌人,要想更好地生存,只有互相合作,互惠互利,才能获得双赢。

④　吃亏是福

"吃亏是福",只有在利字面前礼让三分,他人才能觉得你诚实可信,能担大任,才会为你带来更多利益。

不是有句这样的话么:"福祸两边有善也有害。"意思是说,福字和祸字相互牵连,福即是祸,祸亦是福。所以,我们需要认识到,有时候吃点小亏并非坏事,"糊涂"地吃亏才是一种聪明的智慧。

春秋时,楚庄王平定一场内乱后,大宴群臣。席间,忽然一阵风吹灭了蜡烛,有一人乘乱拉了一下庄王爱姬。爱姬惊慌之下顺手扯掉那人的帽带,俯身便告诉庄王要求其查办。庄王一听,哈哈大笑地令众人都把帽带扯掉。然后重新掌灯,君臣尽情畅饮。后来,在历次战斗中有位武将奋勇杀敌,屡次立下大功,此人正是当初拉庄王爱姬的那位武将。

可见,不计较个人的得失荣辱,在小处让人,才能在大处得人。只有在细小处帮助别人,忍让三分,让别人记住你的好,那在大的问题上,才有可能得到别人的更大帮助。

人生就像是一段遥远的旅途,在这条漫长的道路上,有大大小小的问题等待着我们去解决。在行程中,我们只有放弃一些小利,才能在别人对我们认可时,渐渐掌握主动,获得更大利益。

小万这个人特爱与他人争执,经常会为了蝇头小利而与人吵得不可开交。

一次,好友相邀他一起去野外爬山。团队有二十多人,小万因不常运动,走着走着便因疲乏而落在队尾。

队尾还有一个人,小万以为他也是新来的朋友,就笑着凑上前去想与他说说话。不料,这个人见小万笑着走过来,却加紧了脚步,留给小万一个沉默的背影。

都说"不打笑脸人",小万这热脸一下贴到了冷屁股上,心里顿时冒火。但小万想了想,还是忍住了,便紧跟着继续向上爬去。

不一会,前方这个人,因疲乏掏出水瓶欲喝水,可是水瓶却是空的。小万看着倒着空水瓶的人,心里一阵冷笑:刚刚要是与我说话,现在不是可以向我要水喝吗?

那人无奈地看了看空水瓶,叹了一声,把它装进包里。小万见此,心有不忍,忙是紧走几步,掏出水瓶递给了他。

这人感激地看着小万,连连道谢,并说,自己刚离婚,情绪不好,刚才的事万分抱歉。

后来,在攀爬一段陡峭的山坡时,小万一不留神,脚下一滑,在其他人的惊呼声中,身体顺着山坡直直向山谷滑去。情况万分紧急,就在这生死关头,忽然一双大手死死地抓住小万的手臂。这个救他的人,原来,是那位离异的新朋。

"小处让人,才能大处得人",从此后,小万学会了不与他人斤斤计较,在小处忍让他人。后来,小万因不计小利,与同事能和睦相处,连连被提拔。

现实社会,每个人与生俱来的好胜心使我们处处想赶超他人,因而时时被琐事所困扰。消磨着我们的意志,蚕食着我们对未来的希望。因此,面对琐事,面对生活中的小细节和小角落,不妨后退一步。一时的让人,是为将来更大的得人。

《菜根谭》里有句这样的话:经路窄处,留一步与人行,滋味浓的减三分与人尝。此是涉世一极安乐法。意思是说,走山边小路时,要先停住自己的脚步,让他人过去才算有礼貌,也最安全。凡事减三分让人,才是为人处世的妙法。

古代有一则这样的故事:

一天,秦穆公驾车外游,行至一处大山时,突然车子出现故障,右边驾辕的骏马跑没了。

大山里民风彪悍,山民看见这头无主骏马,就把它捉住杀了。

秦穆公随后带着手下前去寻马,在岐山下看见一群蓬头垢面的山民正在痛快地吃着马肉,人数足有数百。他手下随从见此,便抽出刀来,欲杀了他们。

秦穆公忙摆手制止了随从,不仅没有惩处山民,反而亲切地对山民们说:"马肉性寒,若食之而不饮酒,会伤身。"于是,便叫随从拿出酒来,让山民们每人都饮了才放心离去。

事情过了一年,秦晋二国发生战争。秦穆公被晋军围困在战车上,且秦穆公手下将士们也有不敌之状。战争到了生死关头,秦穆公眼看着就要被晋军俘虏。

正在这危机时分,不知从何处跑来一群手拿锄头、柴刀的数百衣衫褴褛、长发披肩的"野人",高声呼叫着直冲战场,奋勇砍杀晋军。

战事瞬间发生逆转,秦穆公手下将士见有人相助,便拼死作战。晋军也被这群不要命的"野人"吓住,纷纷溃逃。秦穆公终于得救,经过激战,最终大败了晋军,并俘虏了晋惠公。

战争结束后,秦穆公召见了这群"野人"。才知道,他们原来正是前一年吃他马肉的那群山民。

在细小处帮助别人,让他人三分,得到别人的心,在大的问题上,就可以得到别人的帮助,或许别人还能让你七分。从以上这则故事中可以看出,这次战争,秦穆公正是靠一年前的小处让人、大处得人的智慧和气度,才能在这场战争中转危为安,并最终成为春秋五霸之一。

"吃亏"有时是痛苦,但短暂的"吃亏"往往会带给我们带来更多的收获。

"得饶人处且饶人","给人留条路,也就是给自己留条路"。对一些小事情,能不计较就不要计较,能原谅别人就要原谅别人,否则因小失大,得不偿失就不好了!

当我们面对一些琐事时,不妨让一步,吃点小亏,只有卸下身上不必要的包袱,才能飞得更高,走得更远。

⑤ 退一步，进两步

人生只有后退一步，方能看清前进的方向。累了，不妨暂时退却，明辨利害、洞明世事，才能更好前行。

马克在 90 年代互联网泡沫兴起之时，开了一家网络公司。后来，公司经营状况日渐艰难，进入倒闭边缘。经过一番行业分析，马克果断清理账务，关掉公司，后退一步从而避开了后来的世界性互联网灾难。

事后，马克并没有消沉，而是认真地分析了自己的长项与弱项，最后选择从事分析职业，后来他成为了一名优秀的分析师。

可见后退就是前进，很多时候，我们需要后退一步，分析当前状况，看清前方道路，才能继续昂首向前。

春秋时，齐国国力雄厚，拥有着一支近三万人的军队。而当时的鲁国地域狭小，兵少将寡。于是，齐桓公出动大批军队进攻鲁国。面对强大的齐军，鲁军一再后退忍让。当齐军进入有利于鲁军反攻的长勺地区时，鲁国并没有马上发起反攻，而是坚守阵地。

这时，齐军自恃力量强大，首先发起进攻，妄图一举击败鲁军。鲁军再三忍让，终于在齐军连续进攻三次未果后，向齐军发起了总攻。一时，齐军阵势大乱，纷纷溃败而逃。

坚持到底固然是一种难能可贵的奋斗精神，但这并不意味着非要在一棵树上吊死。根据周边环境变化，适时调整自己的目标和方向，这样的后退远比无谓的坚守更为明智。

2000 年某跨国企业中国分部的销售额突破了 24 亿元人民币，比 1999 年翻了一番,上缴的税额也高达 4.6 亿元。

面对这份不错的成绩单,时任中国区总裁的郑女士却作出一件令所有人意外的决定:即日起,公司将实施全面的内部整顿,在这期间暂停营销人员加入公司。

郑总裁之所以作出这个决定,是因为行业内部出现了混乱状况。当时,整个行业在中国市场上呈现人人喊打的局面。面对巨大的压力,郑总裁需要作出"撤还是留"的选择。这位处事不惊的女人用了八个字作为答案:"不慌、不乱、后退、整顿"。

整顿期间,公司的销售额下降了百分之三十多。郑总裁对记者说:"这是一个需要勇气的决定!但是若没有短暂的牺牲,就不会争取到宽松的发展空间,更不会有长期的收益。"

郑总裁把企业品牌看得高于一切,平时温婉的她不惜施展铁腕,辞退了数百名营销人员。用她的话讲:"休整,就是为了更好的出发!"

最终在年底时,公司以骄人的业绩证明了郑总裁决策的正确性。时至今日,这家公司在中国市场上的销售份额遥遥领先于同行的其他公司。

自小,我们就被这样教导"锲而不舍,金石可镂","只要努力,再努力,就可以达到目的",可这样的做事准则,很明显的缺点就在于不能灵活多变,会导致一条路走到黑。所以,当前方出现障碍时,我们不妨后退一步,看清前方状况,以更好前行。事便中的郑总裁在面对巨大的压力时,适时后退,最终获得成功。

爱迪生为了发明电灯,经过上万次的实验失败,最终成功。他这上万次的实验,次次都不同,也就是说,爱迪生经过了上万次的后退。

其实退一步,是心灵的一种释然,也是一种大智。这种智,是睿智,是豁达,是不盲目,也是不狭隘。

几位朋友听说沙漠中有一处绝美的地点,于是他们相约一起去寻找。在经历一番艰难的长途跋涉后,他们不仅没有找到目标,身体反而又累又乏,最重要的是身上所带的水已经不多。

一丝退却的念头在队伍中流散开。带队的队长,知晓了队员们的心思,咬咬牙给队员也给自己鼓励着:我们都走了这么远了,后退不是功亏一篑嘛!

　　几位朋友得到队长的鼓励,又默然地继续前行。在途经雅丹地貌时,有位朋友实在走不动了,休息时他向队长提出返程。

　　炎炎烈日焦烤着大地,另几位朋友也一致赞成返程。

　　队长看了看几位气喘吁吁的队友,考虑到安全只能无奈点头同意。在他们返回途中,不料却发现了一处野外旅行者基地。

　　于是他们进入基地进行休息,在一番养精蓄锐后,他们重整旗鼓,终于到达了目地的。

　　很多人认为后退就是懦弱的表现,其实后退是为了更好地调整自我。明知不可为而为之,结局注定凄凉。故事中的几位朋友,他们正是选择后退,才发现基地,从而可以再次前行。

　　后退者有时不是缺乏进取心,而是他们知道若是再继续,最终将会很危险。人生需要“后退”,在面对对手时,后退一步,方能避开锋芒,从而更好地前进!

　　人生之所以有很多烦恼,皆因遇事不肯让他人一步,不肯后退。就如下围棋,其制胜之道往往不在于几个棋子的得失,而在于占势。后退一步,方能更好前进,以几个子换取全局胜利,这才是成功的常用之道。

　　在生活中,若能不贪一时一地之微利,不在细枝末节纠缠不休,妥协后退一步,无疑可以使得自己从从容容、踏踏实实地走向成功的彼岸。